高等职业教育机电类专业"十二五"规划教材

PLC 技术及应用

（三菱 FX 系列）

江　燕　周爱明　主　编

郑田娟　王秋梅　副主编

中国铁道出版社

CHINA RAILWAY PUBLISHING HOUSE

内 容 简 介

本书以三菱公司的 FX2N 系列 PLC 为蓝本，通过对生产中若干个典型 PLC 控制项目的讲解，介绍了 PLC 的三个指令系统中常用指令的功能和应用。

全书分为六个项目，具体包括 PLC 基础知识、FX 系列 PLC 基本逻辑指令的应用、FX 系列 PLC 步进顺控指令的应用、FX 系列 PLC 功能指令的应用、PLC 与变频器、PLC 通信。每个项目包括若干任务，每个任务中包括若干编者精心设计的案例。

本书适合作为高职院校电气自动化、数控技术、应用电子技术等相关专业的教材，也可作为 PLC 系统开发设计人员的参考书。

图书在版编目（CIP）数据

PLC 技术及应用：三菱 FX 系列/江燕，周爱明主编.
—北京：中国铁道出版社，2013.1（2017.6 重印）
高等职业教育机电类专业"十二五"规划教材
ISBN 978 - 7 - 113 - 15826 - 2

Ⅰ. ①P… Ⅱ. ①江… ②周… Ⅲ. ①plc 技术 - 高

等职业教育 - 教材 Ⅳ. ①TM571. 6

中国版本图书馆 CIP 数据核字（2012）第 311189 号

书　　名：PLC 技术及应用（三菱 FX 系列）
作　　者：江 燕　周爱明　主编

策　　划：吴 飞	读者热线：（010）63550836

责任编辑：吴 飞
编辑助理：绳 超
封面设计：付 巍
封面制作：白 雪
责任印制：郭向伟

出版发行：中国铁道出版社（100054，北京市西城区右安门西街 8 号）
网　　址：http://www.tdpress.com/51eds/
印　　刷：虎彩印艺股份有限公司
版　　次：2013 年 1 月第 1 版　　2017 年 6 月第 2 次印刷
开　　本：787mm×1092mm　1/16　印张：14.25　字数：346 千
印　　数：3 001 ~ 4 000 册
书　　号：ISBN 978 - 7 - 113 - 15826 - 2
定　　价：29.00 元

教材建设是高职院校教育教学工作的重要组成部分，高职教材作为体现高等职业教育特色的知识载体和教学的基本工具，直接关系到高职教育能否为一线工作岗位培养符合要求的应用型人才。

可编程控制器是集计算机技术、自动控制技术和通信技术于一体的新一代工业自动化控制装置。可编程控制器自问世以来，经过了40多年的发展，目前已经成为当代工业自动化控制的三大支柱之一。

鉴于可编程控制器在工业生产过程中的广泛应用，为满足高等职业教育的需求，体现工学结合的高职教育人才培养理念，强调"实用为主，必需和够用为度"的原则，本书特采用项目式体例编写。

本书以三菱公司的FX2N系列PLC为蓝本，全面介绍可编程控制器的基本工作原理、指令系统，并在此基础上，以实际应用为例，着重介绍PLC的编程应用技术。全书分为六个项目，具体包括PLC基础知识、FX系列PLC基本逻辑指令的应用、FX系列PLC步进顺控指令的应用、FX系列PLC功能指令的应用、PLC与变频器、PLC通信。每个项目包括若干任务，每个任务中包括若干编者精心设计的案例。全书叙述通俗易懂，所选案例涉及面广，具有代表性，可有效地帮助学生学习可编程控制器应用开发技术。

本书由江燕、周爱明任主编，郑田娟、王秋梅任副主编。具体编写分工为：项目一中的任务一和项目三中的任务一、任务二、任务三由电工技师郑田娟编写；项目二中的任务一、任务五、任务六和项目五由电工高级技师周爱明编写；附录A、附录B和附录C由电工技师王秋梅编写，项目一中的任务二、任务三、项目二中的任务二、任务三、任务四、任务七、项目三中任务四、项目四和项目六由电工技师江燕编写。全书由江燕统稿。

由于编者水平有限，书中疏漏和不足之处在所难免，恳请读者批评指正。本书主编的电子邮箱：kejiangyan94@163.com，mfkepje2007@163.com，欢迎来函交流。

编 者

CONTENTS | 目　录

项目一　PLC 基础知识 ……………………………………………………………… 1
　　任务一　初识 PLC …………………………………………………………… 1
　　任务二　认识 PLC 的基本工作原理 ……………………………………… 10
　　任务三　认识三菱 PLC 的编程软件 ……………………………………… 17
项目二　FX 系列 PLC 基本逻辑指令的应用 …………………………………… 28
　　任务一　电动机的连动控制 ……………………………………………… 28
　　任务二　电动机正反转控制电路 ………………………………………… 39
　　任务三　十字路口交通信号灯控制 ……………………………………… 47
　　任务四　供料状态报警灯控制 …………………………………………… 52
　　任务五　工作台往返控制 ………………………………………………… 57
　　任务六　计数器的应用 …………………………………………………… 63
　　任务七　冲水控制 ………………………………………………………… 67
项目三　FX 系列 PLC 步进顺控指令的应用 …………………………………… 71
　　任务一　液体混合装置的模拟控制 ……………………………………… 71
　　任务二　大小球工件的分捡控制 ………………………………………… 85
　　任务三　按钮式人行道交通灯控制 ……………………………………… 93
　　任务四　GX Developer 下的 SFC 设计 ………………………………… 100
项目四　FX 系列 PLC 功能指令的应用 ……………………………………… 115
　　任务一　CMP/ZCP 指令的应用 ………………………………………… 115
　　任务二　MOV 指令的应用 ……………………………………………… 121
　　任务三　车辆出入库管理控制 …………………………………………… 127
　　任务四　移位指令的应用 ………………………………………………… 136
　　任务五　PLC 与步进电动机 ……………………………………………… 145
项目五　PLC 与变频器 ………………………………………………………… 157
　　任务一　电动机的正反转变频调速 ……………………………………… 157
　　任务二　PLC 与变频器实现电动机多速控制 …………………………… 167
项目六　PLC 通信 ……………………………………………………………… 180
　　任务一　PLC 与触摸屏 …………………………………………………… 180
　　任务二　PLC 与 PLC 的通信 …………………………………………… 198
附录 …………………………………………………………………………………… 213
　　附录 A　FX2N 软元件一览 ……………………………………………… 213
　　附录 B　FX2N 系列可编程控制器主要技术指标 ……………………… 214
　　附录 C　FX2N 指令一览 ………………………………………………… 215
参考文献 …………………………………………………………………………… 222

项目一　PLC 基础知识

PLC 基本及应用（三菱 FX 系列）

学习目标

- 了解可编程控制器的产生、特点、发展及应用。
- 掌握可编程控制器的工作原理、基本构成、主要技术指标及应用环境。
- 认识三菱 PLC 的编程软元件。

任务一　初识 PLC

 任务导入

本书以 FX2N 系列 PLC 为蓝本，介绍 PLC 的原理和应用。那么，什么是 FX2N 系列 PLC？它的外围电路应该怎样连接？这是本任务要完成的学习内容。

 知识链接

一、PLC 概述

PLC（可编程控制器）是 20 世纪 60 年代发展起来的一种新型自动化控制装置，最早是用于替代传统的继电器控制装置，功能上只有逻辑计算、计时、计数以及顺序控制等，而且只能进行开关量控制。其英文原名为 Programmable Logic Controller，简称 PLC，中文名称为"可编程逻辑控制器"。后来，随着技术的进步，其控制功能已经远远超出逻辑控制的范畴，其名称也就改为 Programmable Controller，简称 PC，中文名称为可编程控制器。但 PC 又容易与个人计算机（Personal Computer）的简称 PC 产生混淆，所以近年来又倾向于使用 PLC 这一简称，中文名称仍然为"可编程控制器"。

1. PLC 的定义

国际电工委员会（IEC）在 1987 年 2 月颁布的可编程控制器标准草案的第三稿中将 PLC 定义为："可编程控制器是一种数字运算操作的电子系统，专为在工业环境下应用而设计。它采用可编程序的存储器，用来在其内部存储执行逻辑运算、顺序控制、定时、计数和算术运算等操作的指令，并通过数字式、模拟式的输入和输出，控制各种类型的机械或生产过程。可编程控制器及其有关设备，都应按易于与工业控制器系统连成一个整体、易于扩充其功能的原则设计。"

简言之，PLC 就是一种以微处理器为基础的工业控制装置。

1

2. PLC 的发展阶段

自 1969 年第一台 PLC 问世至今，可编程控制器大约经历了三个阶段：

第一阶段：开发的 PLC 容量较小，I/O 点数小于 120 点；用户存储区容量在 2 KB 左右，扫描速率为 20 ～ 50 ms/KB；指令较为简单，只有逻辑运算、计时、计数等；编程语言采用简单的语句表语言；主要用于开关量控制。

第二阶段：PLC 的容量有所扩展，I/O 点数为 512 ～ 1 024 点，用户程序存储区扩展到 8 KB 以上，速率也有所提高，扫描速率达到 5 ～ 6 ms/KB，指令功能除了基本的逻辑运算、计时、计数外，还增加了算术运算指令、比较指令，以及模拟量处理指令等，输入/输出类型也由纯开关量 I/O，扩展为带模拟量的 I/O。编程语言除了使用语句表外，还可以使用梯形图编程语言。

第三阶段：进入 20 世纪 80 年代以来，随着大规模和超大规模集成电路等微电子技术的迅猛发展，以 16 位和 32 位微处理器构成的 PLC 得到惊人的发展，其功能远远超出了上述两阶段的产品。使 PLC 在概念、设计、性价比以及应用方面都有了新的突破。这一阶段的产品向大型和小型两个方向发展。

3. PLC 的品牌和系列

目前，世界上 PLC 产品可按地域分成三大流派：美国产品、欧洲产品和日本产品。知名的品牌美国有 GE 公司的通用 PLC（见图 1-1），日本有三菱、松下、欧姆龙（见图 1-2），德国有西门子、施耐德（见图 1-3）。此外，国产品牌有台达、信捷（见图 1-4）等。

（a）GE公司90-30系列　　　　　　　　　　　　（b）GE公司90-70系列

图 1-1　美国产品

（a）三菱FX1N系列　　　　　　　　　　　　（b）欧姆龙CP1L系列

图 1-2　日本产品

（a）西门子S7-300 PLC

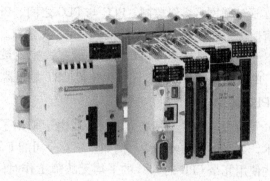

（b）施耐德M340 PLC

图1-3 欧洲产品

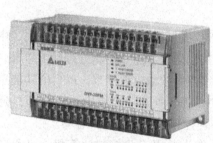

（a）台达 DVP 系列 PLC

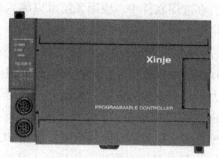

（b）信捷 FC 系列 PLC

图1-4 国产品牌

4. PLC 的应用

PLC 的应用范围广阔，目前已经广泛应用于汽车装配、数控机床、机械制造、电力、石化、冶金钢铁、交通运输、轻工纺织等行业。但归纳起来，PLC 主要应用在以下五个方面。

（1）开关量逻辑控制。开关量逻辑控制是 PLC 最基本的应用，即用 PLC 取代传统的继电器控制系统，实现逻辑控制和顺序控制。PLC 既可以用于单机控制，也可以用于多机群和生产线的控制，如机床电气控制、注塑机控制、生产流水线控制、电梯控制等。

（2）模拟量过程控制。在生产过程中，许多连续变化的物理量需要进行控制，如温度、压力、流量、液位等。目前，大部分 PLC 产品都具备处理模拟量的功能。在模拟控制方面，PLC 具有其他控制装置无法比拟的优势。有些 PLC 还提供了典型控制策略模块，如 PID 模块，从而实现对系统的 PID 闭环控制。

（3）位置控制。位置控制是指 PLC 使用专用的位置控制模块来控制步进电动机或伺服电动机，从而实现对各种机械构件的运动控制，如机械手的位置控制、电梯运动控制、机器人的运动控制等。PLC 还可以用于计算机数控装置组成数控机床，以数字控制方式控制零件的加工、金属的切削等，实现高精度的加工。

（4）数据采集与监控。PLC 可以将控制现场的数据采集下来，用于进一步的分析研究。目前，较普遍采用的方法是 PLC 加上触摸屏，这样既可随时观察采集下来的数据，又能及时进行统计分析。有的 PLC 本身还具有数据记录单元，如欧姆龙公司的 C200Ha。

（5）通信联网、多级控制。PLC 与 PLC 之间、PLC 与上位计算机之间通信，要采用其专用通信模块，并利用 RS–232C 或 RS–422A 接口，用双绞线或同轴电缆或光缆将它们连成网络。一台计算机与多台 PLC 组成的分布式控制系统，可进行"集中管理，分散控制"，建立工厂的自动化网络。PLC 还可以连接 CRT 显示器或打印机，实现显示和打印功能。

5. PLC 的优点

（1）可靠性高，抗干扰能力强。PLC 由于采用了现代大规模集成电路技术和先进的抗干扰技术，具有很高的可靠性。例如，三菱公司的 F 系列 PLC 平均无故障时间高达 30 万小时。一些使用冗余 CPU 的 PLC 的平均无故障工作时间则更长。使用 PLC 构成的控制系统，和同等规模的继电接触器系统相比，电气接线及开关接点减少到数百甚至数千分之一，因而故障也就大大降低了。此外，PLC 带有硬件故障自我检测功能，出现故障时可及时发出警报信息。在应用软件中，应用者还可以编入外围器件的故障自诊断程序，使系统中除 PLC 以外的电路及设备也获得故障自诊断保护。

（2）硬件配套齐全，功能完善，适用性强。PLC 发展到今天，已经形成了大、中、小各种规模的系列化产品，可以用于各种规模的工业控制场合。除了逻辑处理功能以外，现代 PLC 大多具有完善的数据运算能力，可用于各种数字控制领域。近年来，PLC 的功能单元大量涌现，使 PLC 渗透到了位置控制、温度控制、CNC 等各种工业控制中。加上 PLC 通信能力的增强及人机界面技术的发展，使用 PLC 组成各种控制系统变得非常容易。

（3）易学易用，深受工程技术人员欢迎。PLC 作为通用工业控制计算机，是面向工矿企业的工控设备。它接口容易，编程语言易于为工程技术人员接受。梯形图语言的图形符号与表达方式和继电器电路图非常接近，只用 PLC 的少量开关量逻辑控制指令就可以方便地实现继电器电路的功能。为不熟悉电子电路、不懂计算机原理和汇编语言的人使用计算机从事工业控制打开了方便之门。

（4）系统的设计、建造工作量小，维护方便，容易改造。PLC 用存储逻辑代替接线逻辑，大大减少了控制设备外部的接线，使控制系统设计及建造的周期大为缩短，维护也变得容易。更重要的是能通过改变程序使同一设备实现不同生产过程。

（5）体积小，质量小，能耗低。以超小型 PLC 为例，新近出产的品种底部尺寸小于 100 mm，质量小于 150 g，功率仅有数瓦（W）。由于体积小，很容易装入机械内部，因而是实现机电一体化的理想控制设备。

二、PLC 的基本构成

目前，PLC 的产品很多，不同厂家生产的 PLC 以及同一厂家生产的不同型号的 PLC，其结构各不相同，但其基本组成和基本工作原理是大致相同的。它们都是以微处理器为核心的结构，其功能的实现不仅基于硬件的作用，更要靠软件的支持。实际上 PLC 就是一种新型的工业控制计算机。

PLC 主要由 CPU 模块、输入模块、输出模块、电源和编程器组成，如图 1–5 所示。CPU 模块通过输入模块将外部控制现场的控制信号读入 CPU 模块的存储器中，执行用户程序后，再将控制信号通过输出模块来控制外部控制现场的执行机构。

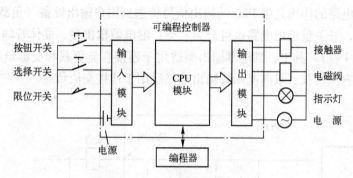

图 1-5 PLC 控制系统的示意图

1. CPU 模块

和通用的计算机一样，PLC 的 CPU 模块由控制器、运算器和寄存器组组成。CPU 是 PLC 的核心部件，整个 PLC 的工作过程都是在 CPU 的统一指挥和协调下进行的，CPU 的主要任务是接收从编程软件或编程器输入的用户程序和数据，并存储在存储器中；用扫描方式接收现场输入设备的状态和数据，并存入相应的数据寄存器或输入映像寄存器；当 PLC 处于运行状态时，执行用户程序，完成用户程序规定的各种算术逻辑运算、数据的传输和存储等；按照程序运行结果，更新相应的标志位和输出映像寄存器，通过输出部件实现输出控制、制表打印和数据通信等功能。

PLC 的存储器有两种：一种是只读存储器（ROM、PROM、EPROM、EEPROM），用于存放系统程序；另一种是随机存储器（RAM），用于存放用户程序，为了使在 RAM 中的信息不丢失，RAM 都有后备电池。固定不变的用户程序和数据也可固化在只读存储器中。

2. 开关量输入/输出接口

PLC 与工业过程相连接的接口即为 I/O 接口，I/O 接口有两个要求：一是接口有良好的抗干扰能力，二是接口能满足工业现场各类信号的匹配要求，所以接口电路一般都包含光电隔离电路和 RC 滤波电路。

开关量输入电路的作用是将现场的开关量信号变成 PLC 内部处理的标准信号。开关量输入电路可分为三类：直流输入接口、交流输入接口和交直流输入接口。图 1-6 所示为直流输入接口。

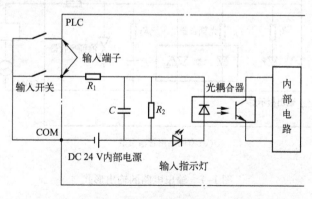

图 1-6 直流输入接口

　　开关量输出电路的作用是将 PLC 的输出信号传送到用户输出设备（负载），按输出开关器件的种类不同，开关量输出电路也可分为三类：继电器输出型、晶体管输出型和双向晶闸管输出型（见图 1-7）。其中，继电器输出型适用于连接直流负载和交流负载；晶体管输出型只适用于连接直流负载；双向晶闸管输出型只适用于连接交流负载。

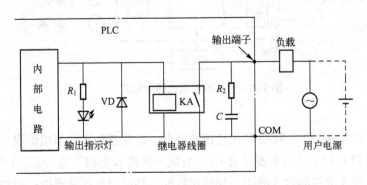

(a) 继电器输出型

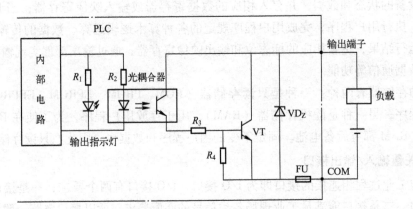

(b) 晶体管输出型

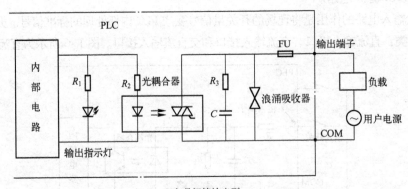

(c) 双向晶闸管输出型

图 1-7　输出电路的输出形式

3. 电源

可编程控制器工作电源一般使用 220 V 的交流电源，电源单元将交流电转换成供 PLC 中央处理器、存储器等电路工作需要的直流电，使 PLC 能正常工作，有时也有 24 V 的直流电源。

4. 编程器

编程器是 PLC 的最重要的外围设备，一般分为简易编程器和图形编程器两类。

简易编程器中的手持式编程器，比普通计算器稍大，一般只能用助记符或功能指令代号编程。携带方便价格便宜，但只能联机编程微/小型机。除了编程功能以外，还具有一定的调试及监控功能，能实现人机对话操作，因而十分适合现场调试。

图形编程器除了可以用汇编指令进行编程外，还可以用梯形图编程，只需在个人计算机上运行可编程控制器相关的编程软件就可进行编程工作。这种编程非常方便，用户可以在计算机上以连机/脱机方式编程，可以用梯形图/助记符指令编程，有较强的监控能力。

对用户来说，不必考虑 PLC 内部由 CPU、RAM、ROM 等组成的复杂的电路，只要将 PLC 看成内部由许多"软继电器"组成的控制器，以便用梯形图编程。"软继电器"的线圈和触点的图形符号如图 1-8 所示。所谓"软继电器"，实质上是存储器中的每一位触发器（统称映像寄存器），该位触发器为"1"状态，相当于继电器接通；该位触发器为"0"状态，相当于继电器断开。

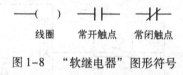

线圈　　常开触点　　常闭触点

图 1-8　"软继电器"图形符号

 任务实施

由上述介绍，不难看出三菱公司生产的 FX2N 系列 PLC 具有很高的可靠性；功能完善、适用性强；易学易用；系统的设计、建造工作量小，维护方便，容易改造；体积小，质量小，能耗低等优点，深受工程技术人员欢迎。图 1-9 为 FX2N-32MR PLC 的实物图和端子示意图，上两排端子是输入侧，用 X 命名输入点；下两排端子是输出侧，用 Y 命名输出点。该 PLC 具有 16 个输入点和 16 个输出点。注意 FX 系列 PLC 的输入点和输出点下标为八进制数；标黑实心点"●"的端子不可用。

一、PLC 外围输入电路的连接

FX 系列 PLC 的外围输入电路的连接方式如图 1-10 所示。对于按钮、行程开关这样的二端器件，只需将器件的一端与 PLC 的输入点相接，另一端与 PLC 输入侧的 COM 端相接即可；对于三端器件，信号端与 PLC 输入点相接，电源线"+"、"-"与 PLC 输入侧的 24+、COM 端相连接即可。

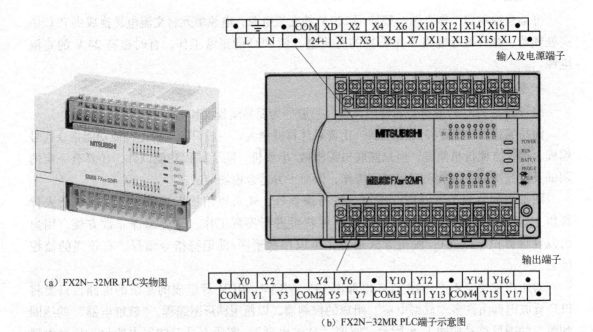

（a）FX2N−32MR PLC实物图

（b）FX2N−32MR PLC端子示意图

图 1−9　FX2N−32MR PLC 外观图

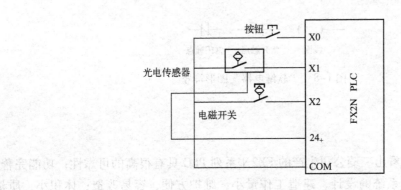

图 1−10　FX2N PLC 的外围输入电路的连接方式

二、外围输出电路的连接

　　FX 系列 PLC 的外围输出电路的连接方法如图 1−11 所示。注意须外加负载电源，需要特别注意负载电源的特性：如果是直流负载电源，那么只能使用继电器输出型和晶体管输出型的 PLC；如果是交流负载电源，则只能使用继电器输出型和晶闸管输出型的 PLC。换句话说，继电器输出型的 PLC，可接直流和交流负载电源；晶体管输出型的 PLC，只可接直流负载电源；晶闸管输出型的 PLC，只可接交流负载电源。

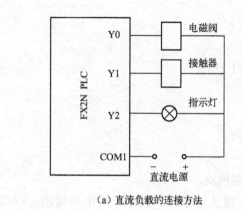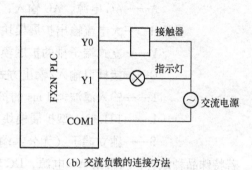

（a）直流负载的连接方法　　　　　　　（b）交流负载的连接方法

图 1-11　FX2N 系列 PLC 的外围输出电路的连接方法

知识拓展

三菱公司近年来推出的 FX 系列 PLC 有：FX0、FX2、FX0S、FX0N、FX2C、FX1S、FX1N、FX2N、FX2NC 等系列型号。FX 系列 PLC 吸收了整体式和模块式 PLC 的优点。基本单元、扩展单元和扩展模块的高度和宽度相同，通过扁平电缆连接。体积小适合机电一体化产品中使用，且有灵活多变的系统配置和多种系列机型。

上面提到标有 "FX2N - 32MR" 型号的 PLC，这样的型号命名具体有什么含义？下面简要介绍三菱 FX 系列 PLC 的型号命名方法和含义。

FX 系列 PLC 的命名方式和含义如图 1-12 所示。

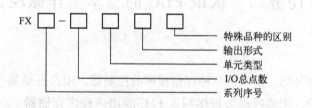

图 1-12　FX 系列 PLC 的命名

FX 后的各参数意义如下：

系列序号：即系列名称，如 0S、0N、1N、1S、2N、2NC 等。

I/O 总点数：10 ～ 256。

单元类型：M——基本单元；

　　　　　E——输入/输出混合扩展单元与扩展模块；

　　　　　EX——输入专用扩展模块；

　　　　　EY——输出专用扩展模块。

输出形式：R——继电器输出；

　　　　　T——晶体管输出；

S——晶闸管输出。

特殊品种的区别：D——DC 电源，AC 输入；

                A——AC 电源，AC 输入；

                H——大电流输出扩展模块（1A/1 点）；

                V——立式端子排的扩展模块；

                C——接插口输入/输出方式；

                F——输入滤波器 1 ms 的扩展模块；

                L——TTL 输入型扩展模块；

                S——独立端子（无公共端）扩展模块。

若特殊品种缺省，通常指 AC 电源、DC 输入、横式端子排，其中：继电器输出，2A/1 点；晶体管输出，0.5A/1 点；晶闸管输出，0.3A/1 点。

那么 FX2N – 32MR 的参数意义为三菱 FX2N 系列 PLC，有 32 个 I/O 点的基本单元，继电器输出型，使用 AC 电源。

再如 FX2N – 40MR – D 其参数意义为三菱 FX2N 系列 PLC，有 40 个 I/O 点的基本单元，继电器输出型，使用 DC 24 V 电源。

 练习题

1. 世界上第一台 PLC 产生于哪年？

2. 什么是 PLC？

3. PLC 的基本构成有哪几部分？

任务二　认识 PLC 的基本工作原理

 任务导入

通过前面的介绍可知，PLC 是一种存储程序的控制器，用户根据某一个对象的具体控制要求，编写好程序后，用编程器将程序写入 PLC 的用户程序存储器。PLC 的控制功能就是通过运行用户程序来实现的。那么 FX 系列 PLC 是怎样执行用户程序的？

知识链接

PLC 源于用计算机控制来取代继电接触器，所以 PLC 与通用计算机具有相同之处，有相同的基本结构和相同的指令执行原理，但两者在工作方式上却有很大的区别，不同之处体现在 PLC 的 CPU 采用循环扫描工作方式，集中进行输入采样，集中进行输出刷新。I/O 映像寄存器区分别用于存放输入的状态和执行结果的状态。

PLC 用户程序的执行采用循环扫描工作方式。它有两种基本的工作模式，运行（RUN）模式和停止（STOP）模式。

PLC 循环扫描的工作过程一般包括五个阶段：内部处理、通信服务、输入处理、程序执行、输出处理。

方式开关置于停止（STOP）模式时，PLC只执行内部处理、通信服务两个阶段的任务，完成PLC内部硬件检查和响应外部通信请求；方式开关置于运行（RUN）模式时，PLC将执行输入处理、程序执行和输出处理三个阶段的工作，如图1-13所示。

任务实施

本书以三菱公司的FX2N系列PLC为蓝本，介绍可编程控制器的工作原理的，因而有必要详细介绍FX系列PLC的工作过程，为后面学习编程打下基础。分析FX系列PLC的工作过程之前，先简单介绍FX系列PLC和它的两个软元件：输入继电器和输出继电器。

图1-13　PLC基本的工作模式

一、FX系列PLC的输入继电器和输出继电器

1. 输入继电器

输入继电器，用字母X表示，元件号用八进制数表示。它有常开（动合）触点和常闭动断触点两种触点，但无线圈。触点在梯形图中可无限次使用。

输入继电器是PLC接收外部输入的开关量信号的窗口。PLC将外部信号读入并存放在输入继电器中。当外部电路接通时，对应的输入继电器的状态为ON（"1"状态），表示该输入继电器处于动作状态，即常开触点闭合，常闭触点断开；当外部电路未接通时，对应的输入继电器状态为OFF（"0"状态），表示该输入继电器处于初始状态，即常开触点断开，常闭触点闭合。输入继电器的状态唯一地取决于外部输入信号，不可能受用户程序的控制。因此在程序中绝不可能出现输入继电器线圈。

2. 输出继电器

输出继电器，用字母Y表示，元件号用八进制数表示。它有常开触点、常闭触点和线圈。同名触点在梯形图中可无限次使用，同名线圈在梯形图中只能出现一次。

输出继电器是PLC向外部负载发送信号的窗口。输出继电器用来将PLC的输出信号传送到输出模块，再由输出模块驱动外接负载。若程序中的某个输出继电器线圈当前为通电状态，那么该输出继电器的外接负载为工作状态；反之，若不得电，则对应的外接负载不工作，即输出继电器线圈的得电与否，决定其外接负载或设备的工作与不工作。

二、FX系列PLC的工作过程分析

下面以图1-14为例，分析FX系列PLC在RUN模式下的工作过程。

1. 输入处理

PLC在开始执行程序之前，首先扫描输入端子，按顺序将所有输入信号，读入到输入映像寄存器中，这个过程称为输入处理或输入采样。输入端子外接的电路若为开路状态，则读入的信息是"0"；若为闭合状态，则读入的是"1"。因而不难看出，图1-14中的X0、X1对应的输入映像寄存器获得的信息分别是"0"和"1"。需要注意的是，PLC在运行程序时，所需要

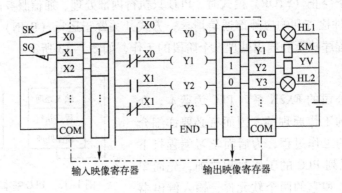

图 1-14　PLC 的工作过程

的输入信号不是实时地读取输入端子上的信息，而是读取输入映像寄存器中的信息。在当前工作周期内采样的内容不会改变，只有到下一个扫描周期输入采样阶段采样内容才被刷新。

2. 程序执行

PLC 完成输入采样工作后，按顺序逐条扫描执行从 0 号地址开始的程序，并分别从输入映像寄存器、输出映像寄存器以及辅助继电器中获得所需的数据进行运算处理，再将程序执行的结果写入输出映像寄存器中保存。图 1-14 中，由于 X0 处于 "0" 状态，其触点处于初始状态（即常开触点 ┤├ 断开，常闭触点 ┤/├ 闭合），因此可知，线圈 Y0（线圈用 "─（　　）─" 表示）不能得电，线圈 Y1 能得电。同理，由于 X1 处于 "1" 状态，其对应的触点处于动作状态（即常闭触点 ┤/├ 断开，常开触点 ┤├ 闭合），因而可得，线圈 Y2 能够得电，而线圈 Y3 不能得电。最终 PLC 的 Y0、Y1、Y2、Y3 对应的输出映像寄存器中的内容分别是 "0"、"1"、"1"、"0"（线圈得电写入 "1"，不得电则写入 "0"）。需要注意的是，这个结果在全部程序未被执行完毕之前不会送到输出端子上。

3. 输出处理

执行到 END 指令，即完成程序的执行，进入输出处理阶段，PLC 将输出映像寄存器中的内容送到输出锁存器中进行输出，控制用户设备。若输出的信息是 "1"，则该输出端外接设备工作；若输出的信息是 "0"，则该输出端外接设备不工作或停止工作。因而图 1-14 中，HL1 和 HL2 不能被点亮，负载 KM 和 YV 的线圈得电，驱动相应设备工作。

PLC 重复地执行上述三个阶段，每重复一次的时间就是一个扫描周期（又称一个工作周期）。在每次扫描中，PLC 只对输入采样一次，输出刷新一次，这可以确保在程序执行阶段，输入映像寄存器和输出锁存电路中的内容保持不变。

三、输入/输出的滞后现象

从微观上来看，由于 PLC 特定的扫描工作方式，程序在执行过程中所用的输入信号是本周期内采样阶段的输入信号。若在程序执行过程中，输入信号发生变化，其输出不能即时做出反映，只能等到下一个扫描周期开始时采样该变化了的输入信号。另外，程序执行过程中产生的输出不是立即去驱动负载，而是将处理的结果存放在输出映像寄存器中，等程序全部执行结束，才能将输出映像寄存器的内容通过锁存器输出到端子上。因此，PLC 最显著的不足之处就是输入/输出有响应滞后现象。但对一般工业设备来说，其输入为一般的开关量，其输入信号的变化周期（秒级以上）大于程序扫描周期（毫微秒级），因此从宏观上观察，输入信号一旦变化，就能立即进入输入映像寄存器。也就是说，PLC 的输入/输出的滞后现象对一般的工业设备来说是完全允许的。但对某些设备，如需要输出对输入作出快速反应，这时可以采用快速响应模块、高速计数模块以及中断处理等措施来尽量减少滞后时间。

 知识拓展

三菱 PLC 的软元件除了上面提到的 X、Y，还有 M、T、C、D、P、K/H、V、Z。

一、M（辅助继电器）

辅助继电器，用字母 M 表示，元件号用十进制数表示。有常开、常闭触点和线圈。

PLC 内部有很多辅助继电器，辅助继电器和 PLC 外部无任何直接联系，它的线圈只能由 PLC 内部程序控制。它的常开和常闭触点只能在 PLC 内部编程时使用，且可以无限次使用，但不能直接驱动外接负载。外接负载只能由输出继电器触点驱动。FX2N 系列的 PLC 的辅助继电器可分 3 类：

1. 通用辅助继电器 M0 ～ M499（500 个）

无断电保持功能，突然断电，输出继电器 Y 和 M0 ～ M499 全部变 OFF。

2. 断电保持辅助继电器 M500 ～ M3071（2572 个）

有记忆功能。使用 M1536 ～ M3071 时，程序步会比使用别的 M 多 1 步。

3. 特殊辅助继电器 M8000 ～ M8255（256 个）

有两种类型。一类是触点利用型，用户只能利用其触点，如 M8000、M8002、M8011 ～ M8014 等；另一类是线圈驱动型，可由用户程序驱动其线圈，使 PLC 执行特定的操作，如 M8033、M8034、M8039 等。

M8000：运行监控。当 PLC 执行用户程序时为 ON；停止执行为 OFF。

M8002：初始化脉冲。仅在 PLC 运行开始瞬间接通一个扫描周期。它的常开触点常用于某些元件的复位和清零，也可以作为启动条件。

M8005：锂电池电压降低。当锂电池电压降到规定值时变为 ON，可以用它的触点驱动输出继电器和外接指示灯，提醒工作人员更换电池。

M8011 ～ M8014：分别为 10 ms、100 ms、1 s 和 1 min 时钟脉冲。

M8033：线圈得电时，PLC 由 RUN，状态进入 STOP 状态后，映像寄存器与数据寄存器中的内容保持不变。

M8034：线圈得电时，全部输出被禁止。

M8039：线圈得电时，PLC 以 D8039 中的指定的扫描时间工作。

其他的继电器在这里不一一举例，读者可查阅 FX2N 的用户手册获取相关信息。

二、T（定时器）

它相当于继电器接触器控制系统中的时间继电器。FX2N 系列 PLC 为用户提供了 256 个定时器，可分为通用定时器和积算定时器。

1. 通用定时器（T0 ~ T245）

无断电保持功能（线圈失电，内部计数值清零）。

（1）T0 ~ T199（200 点）：100 ms 定时器（其中 T192 ~ T199 为中断服务程序专用）；

（2）T200 ~ T245（46 点）：10 ms 定时器。

图 1-15 所示的是定时器的一种应用电路和波形图。当驱动输入 X001 接通时，定时器 T210 的当前值计数器对 10 ms 的时钟脉冲进行累积计数。当该值与设定值 K20（K 表示其后面所带的数据 20 是个十进制数）相等时，定时器的输出触点就接通，即输出触点是其线圈被驱动后的 20×10 ms $= 200$ ms $= 0.2$ s 时动作。若 X001 的常开触点断开后，定时器 T210 被复位，它的常开触点断开，常闭触点接通，当前值计数器恢复为 0。

2. 积算定时器（T246 ~ T255）

有断电保持功能（线圈再得电，能再现断电时的计数值，继续累加计时）。

（1）T246 ~ T249（4 点）：1 ms 定时器（其中 T192 ~ T199 为中断服务程序专用）；

（2）T250 ~ T255（6 点）：100 ms 定时器。

图 1-16 所示的是定时器的一种应用电路和波形图。当 X002 接通时，T250 的当前值计数器开始累积 100 ms 的时钟脉冲的个数，当该值与设定值 K50 相等时，定时器的输出触点 T250 接通。当输入 X002 断开或系统断电时，当前值可保持，输入 X002 再接通或复电时，计数在原有值的基础上继续进行。当累积时间为 $t1 + t2 = 50 \times 100$ ms $= 5\,000$ ms $= 5$ s 时，输

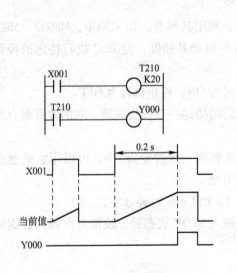

图 1-15 通用定时器

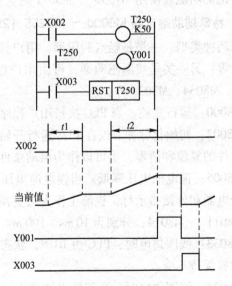

图 1-16 积算定时器

出触点动作。当输入 X003 接通时，计数器复位，输出触点也复位。

三、C（计数器）

FX2N 系列计数器分为内部计数器和高速计数器两类。

内部计数器是在执行扫描操作时对内部信号（如 X、Y、M、S、T 等）进行计数。

1. 16 位加计数器（C0 ～ C199）

16 位加计数器共 200 点。其中 C0 ～ C99 为通用型，C100 ～ C199 共 100 点为断电保持型（断电保持型即断电后能保持当前值待通电后继续计数）。计数器的设定值为 1 ～ 32767。

下面举例说明通用型 16 位加计数器的工作原理，如图 1-17 所示。

2. 32 位加/减计数器（C200 ～ C234）

32 位加/减计数器共有 35 点 32 位加/减计数器。其中 C200 ～ C219（共 20 点）为通用型，C220 ～ C234（共 15 点）为断电保持型。这类计数器与 16 位加计数器除位数不同外，还在于它能通过控制实现加/减双向计数，设定值范围均为 – 214 783 648 ～ + 214 783 647（32 位）。

C200 ～ C234 是加计数也是减计数，分别由特殊辅助继电器 M8200 ～ M8234 设定。对应的特殊辅助继电器被置为 ON 时为减计数，置为 OFF 时为加计数。

如图 1-18 所示，X012 用来控制 M8200，X012 闭合时为减计数方式，否则为加计数方式。X013 为复位信号，X014 为计数输入，C200 的设定值为 5。

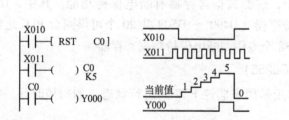

图 1-17　通用型 16 位加计数器

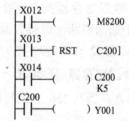

图 1-18　32 位加/减计数器

四、K/H（常数）

常数前缀 K 表示该常数为十进制常数；常数前缀 H 表示该常数为十六进制常数。如 K20 表示十进制的 20；H24 表示十六进制的 24，对应十进制的 36。常数一般用于定时器和计数器的设定值，也可以作为功能指令的源操作数。

五、S（状态组件）

FX2N 系列 PLC 的状态元件有 1 000 点，分配如下：

（1）初始步用状态继电器 S0 ～ S9 表示；回原点状态用回零继电器 S10 ～ S19 表示；

普通工作步用 S20 ～ S499 表示；

（2）具有状态断电保持的状态继电器有 S500 ～ S899，共 400 点；

（3）供报警用的状态继电器（可用作外部故障诊断输出）S900 ～ S999 共 100 点。

前两种状态组件 S 与步进指令 STL 配合使用，使程序更简洁明了。第三种状态组件 S 专为信号报警所设置。不用步进指令且 M8049 为 OFF 状态时，状态组件 S 可以作为辅助继电器 M 使用。

六、D（数据寄存器）

每个数据寄存器的字长为二进制 16 位，最高位为符号位，16 位有符号数所能表示的十进制整数的数据范围为 – 32 768 ～ + 32 767。根据需要也可以将两个相邻的数据寄存器组合为一个 32 位字长的数据寄存器，其地址用低 16 位寄存器的地址表示，在指定时宜用偶地址。32 位有符号数的最高位也为符号位，所能表示的十进制整数的数据范围为 – 214 783 648 ～ + 214 783 647。

数据寄存器用符号 D 表示，地址按十进制编号。按特性的不同，FX2N 系列 PLC 的数据寄存器可分为以下 3 种：

1. 通用数据寄存器（D0 ～ D199）

通用数据寄存器共 200 个，这类数据寄存器没有断电保持功能，掉电或断电或从 RUN 转向 STOP 状态后，数据寄存器的内容全部清 0。但是 PLC 从 RUN 转向 STOP 状态时，如果特殊辅助继电器 M8033 为 ON 状态，则会保留原来的内容。

2. 断电保持数据寄存器（D200 ～ D7999）

断电保持数据寄存器共 7 800 个，这类数据寄存器有断电保持功能。其中，D200 ～ D511 共 312 个通用型断电保持数据寄存器（D490 ～ D509 共 20 个可供两台 PLC 之间进行点对点通信）；D512 ～ D7999 共 7 488 个专用型断电保持数据寄存器。

3. 特殊数据寄存器（D8000 ～ D8255）

特殊数据寄存器共 256 个，其作用是用来监控 PLC 的运行状态，如扫描时间、电池电压等。

七、P（指针）

跳转指针（P），FX2N 的指针 P 有 128 点（P0 ～ P127），用于分支和跳转程序。指针 P 使用时要注意：

（1）在梯形图中，指针放在左侧母线的左边，一个指针只能出现一次，如出现两次或两次以上，就会出错。

（2）多条跳转指令可以使用相同的指针。

（3）P63 是 END 所在的步序，在程序中不需要设置 P63。

八、V 和 Z（变址寄存器）

变址寄存器共有 16 个，它们都是 16 位的数据寄存器，具有变址功能。

练习题

1. PLC 采用什么工作方式工作？有哪几个工作阶段？

2. 简述 PLC 在 RUN 模式下的工作过程。

3. X、Y 分别代表什么软元件，各有什么作用？

4. T 表示什么软元件？简述其工作原理。

5. C 表示什么软元件？简述其工作原理。

6. 如果用 T0 实现延时 1 min 的功能，则设定的常数应为多少？并说出设定的依据。

任务三　认识三菱 PLC 的编程软件

 任务导入

　　通过前面的介绍可知，PLC 的控制功能就是通过运行用户程序来实现的。那么是利用什么工具来编写程序？又是如何把编写好的程序写入 PLC 的？如果想编写图 1-19 所示的程序，具体应该怎样完成？

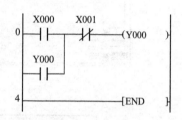

图 1-19　梯形图程序

 知识链接

　　PLC 程序的输入可以通过手持编程器、专用编程器或计算机完成。但由于手持编程器在程序输入或阅读理解分析时比较烦琐；专用编程器价格高，通用性差，而计算机除了可以进行 PLC 的编程外，还可作为一般计算机的用途，兼容性好，利用率高。因此，利用计算机进行 PLC 编程和通信更具优势。

　　编程软件 GX Developer 是基于 Windows 环境的用于维护三菱 PLC 的专用软件包。它功能较强，在 Windows98/2000/XP 系统下均可运行，且可以完成脱机编程、文件管理、运行监控和程序传输等功能。该软件易学易用，初学者很容易掌握。下面介绍如何利用 GX 完成梯形图程序的编辑。

一、编写梯形图程序

1. 启动编程软件 GX Developer

　　单击"开始"→"程序"→"MELSOFT 应用程序"→"GX Developer"，即进入 GX 开发环境（见图 1-20）。

2. 建立新工程

　　单击"工程"菜单选择"创建新工程"命令，在弹出的对话框中（见图 1-21）选择 PLC 系列、PLC 类型和程序类型进入梯形图的编辑区（见图 1-22）。注意：应根据实际使用的 PLC 选择匹配的 PLC 系列和类型。

图 1-20　GX Developer 开发环境

图 1-21　新建工程步骤

新程序一开始第一行已具有 END 指令，无法覆盖和消除。直接在 END 行上输入程序，END 指令行将自动下移。

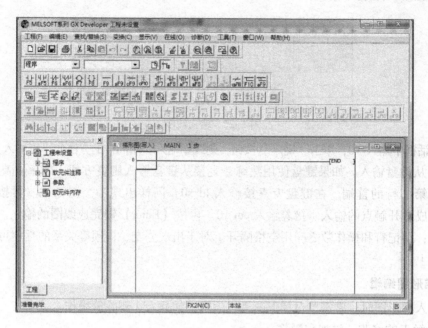

图 1-22　梯形图编辑区

3. 输入梯形图

输入梯形图有两种方法：一是利用工具条中的快捷键输入；另一种是直接用键盘输入，如 F5、F6、F7、F8、F9、F10。下面以一段简单的程序为例说明这两种输入方法。

（1）用工具栏中的快捷键输入（见图 1-23）。

图 1-23　工具栏

① 输入触点：单击 ⊥⊢，弹出图 1-24 所示 "梯形图输入" 对话框。

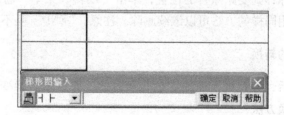

图 1-24　输入触点

在对话框中输入 X0，单击 "确定" 按钮则触点输入，用同样的方法，可以输入其他的常开、常闭触点。

② 输入线圈：单击 ⊗，弹出图 1-25 所示 "梯形图输入" 对话框。

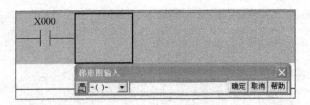

图 1-25　输入线圈

在对话框中输入 Y0，单击"确定"按钮，则线圈输入。用同样的方法，可以输入其他程序。

（2）从键盘输入。如果键盘使用熟练，直接从键盘输入则更方便，效率更高。首先使光标处于第一行的首端。在键盘上直接输入 ld x0，同样出现一个对话框。再按【Enter】键，则完成常开触点的输入。接着输入 out y0。再按【Enter】键完成线圈的输入。

注意：助记符和操作数之间用空格隔开。对于出现分支、自锁等关系的程序可以直接用竖线去补上。

4. 梯形图编辑

在输入梯形图时，常需要对梯形图进行编辑，如插入、删除等操作。

（1）触点的修改、添加和删除

修改：把光标移在需要修改的触点上，直接输入新的触点，再按【Enter】键即可，则新的触点覆盖原来的触点。也可以把光标移到需要修改的触点上，双击，弹出一个对话框，在对话框中输入新触点的标号，再按【Enter】键即可。

添加：把光标移在需要添加触点处，直接输入新的触点，再按【Enter】键即可。

删除：把光标移在需要删除的触点上，再按【Delete】键，即可删除，再单击直线，按【Enter】键即可。用直线覆盖原来的触点。

（2）行插入和行删除

在进行程序编辑时，通常要插入或删除一行或几行程序。操作方法如下：

行插入：先将光标移到要插入行的位置，单击"编辑"菜单，选择"行插入（N）"命令，则在光标处出现一个空行，就可以输入一行程序；用同样的方法，可以继续插入行。

行删除：先将光标移到要删除行的位置，单击"编辑"菜单，选择"行删除（E）"命令，就删除了一行；用同样的方法可以继续删除。注意，"END"是不能删除的。

二、梯形图程序的转换

程序通过编辑以后，计算机界面的底色是灰色的，要通过转换变成白色才能传给 PLC 或进行仿真运行。转换方法：

（1）直接按功能键【F4】即可。

（2）单击"变换（C）"菜单，选择"变换（C）"命令即可。

三、程序的仿真

单击"工具"菜单，选择"梯形图逻辑测试起动"命令，如图 1-26 所示。也可以通过快捷图标启动仿真，如图 1-27 所示。

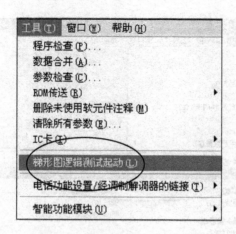

图 1-26 梯形图逻辑测试起动方法 1

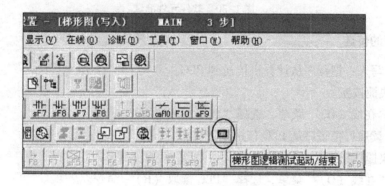

图 1-27 梯形图逻辑测试起动方法 2

上面两种方式都可以启动仿真，出现的小窗口就是仿真窗口（见图 1-28），显示运行状态，如果出错会有说明。启动仿真后程序开始模拟 PLC 写入过程（见图 1-29）。

图 1-28 仿真窗口

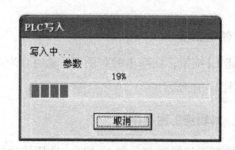

图 1-29 写入过程

写入结束后，程序开始运行。可以通过软元件测试来强制一些输入条件 ON（见图 1-30）。

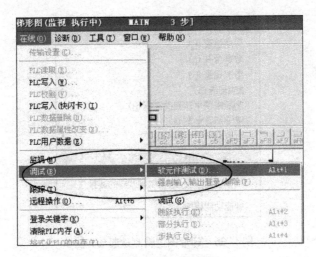

图 1-30　软件元件测试

四、程序的传送

（1）PLC 写入：把程序从计算机传送到 PLC。

① 单击快捷按钮。

② 单击"在线（O）"菜单，选择"PLC 写入（W）"命令。

（2）PLC 读取：把程序从 PLC 传送到计算机。

① 单击快捷按钮

② 单击"在线（O）"菜单，选择"PLC 读取（R）"命令。

任务实施

可以选用 GX 完成图 1-18 所示程序的编写和下载。具体步骤如下：

一、启动 GX 并新建工程

1. 进入编程环境

单击"开始"→"程序"→"MELSOFT 应用程序"→"GX Developer"，进入 GX 开发
环境

2. 新建工程

单击 □ 按钮，在弹出的对话框中选用 FXCPU、FX2N（C）、梯形图后，单击"确定"按
钮，如图 1-31 所示。

二、编辑梯形图程序

在梯形图编辑区（见图 1-32），选用正确的图形工具（见图 1-33），输入正确的元件名
称，即可完成程序的编写。以输入常开触点 X0 为例，单击 ⊥ 按钮或按【F5】功能键，在弹
出的对话框中输入 X0 后，单击"确定"按钮或按【Enter】键即可（见图 1-34）。用相同
的步骤编写图 1-35 所示的图形。

图 1-31　新建工程

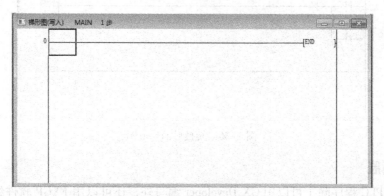

图 1-32　梯形图编辑区

图 1-33　图形工具栏

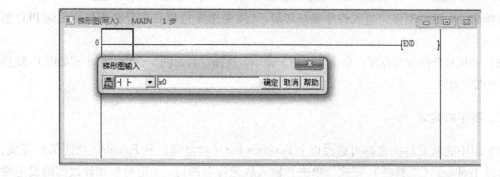

图 1-34　输入常开触点

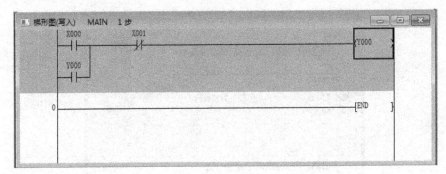

图 1-35　梯形图

三、转换程序

编辑完的程序呈现灰色背景，需要对其进行转换。单击变换菜单，选择变换子菜单或直接按【F4】功能键，即可完成程序的转换。转换后的程序背景变白色，如图 1-36 所示。

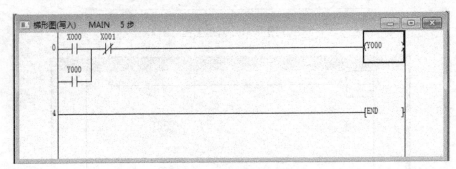

图 1-36　转换后的梯形图

 知识拓展

FX 系列 PLC 程序除了可以用 GX Developer 编写外，还可以用 FXGP 软件编写。下面介绍如何利用 FXGP 软件编辑梯形图程序。

一、启动 FXGP 和新建文件

（1）双击 [图标] 图标，即可进入编程环境。单击"文件"菜单选择"新文件"命令，选择 FX2N PLC 型号，进入程序编制环境。（注意选择的 PLC 型号必须与使用的 PLC 型号一致。）

（2）采用梯形图编写程序：单击"视图"菜单，选择"梯形图"命令，即出现如图 1-37 所示的梯形图编辑区。

二、程序的编写

梯形图中的软元件的选择可通过以上 Function bar（功能键）和 Palette（功能图）完成，也可通过 Tool bar（工具栏）完成。单击并输入软元件名即可。（定时器和计数器的设定常数跟在元件名之后，元件名和常数之间用空格隔开。）

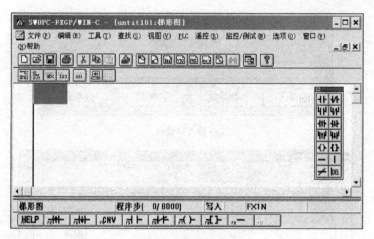

图 1-37 梯形图编辑区

1. 画常开触点

单击 按钮,在弹出的对话框中的输入文本框中输入"X0",即完成一个名为 X0 的常开触点的输入(见图 1-38),输入其他触点的方法与此相同。

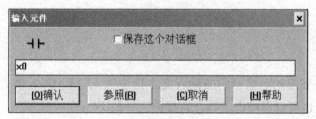

(a)输入X0常开触点

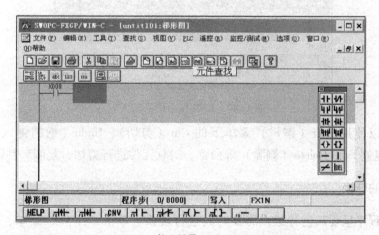

(b)输入效果

图 1-38 输入触点的方法

2. 画线圈

单击 按钮,在弹出的对话框中的输入文本框中输入"Y0",即完成一个名为 Y0 的线圈的输入(见图 1-39)。

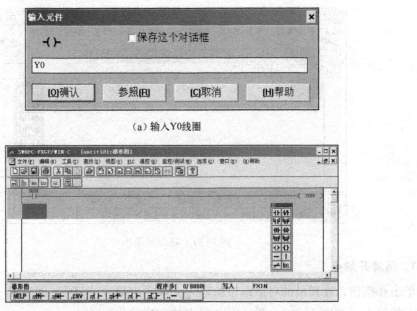

（a）输入Y0线圈

（b）输入效果

图 1-39　输入线圈的方法

3. 输入 END

单击 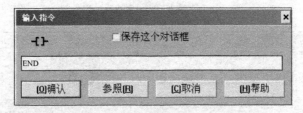 按钮，在弹出的对话框中的输入文本框中输入"END"，即完成 END 结束语的输入（见图 1-40）。也可以不单击工具，直接输入"END"。

图 1-40　END 结束语的输入

另外，可以使用 Edit（编辑）菜单下的 Cut（剪切）、Undo（撤销键入）、Paste（粘贴）、Copy（复制）和 Delete（删除）等命令，对软元件进行剪切、复制和粘贴等操作。

三、程序的转换

编辑完的程序呈现灰色背景，需要对其进行转换。单击"工具"菜单，选择"转换"命令即可完成程序的转换。转换后的程序背景变为白色，如图 1-41 所示。

四、梯形图与指令表界面的切换

可通过视图菜单中的"梯形图"和"指令表"菜单项完成梯形图和指令表程序的界面的切换。

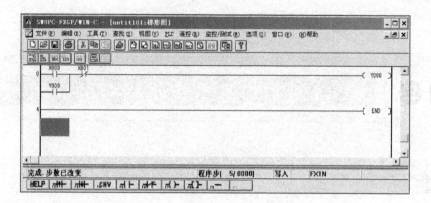

图 1-41 转换后的梯形图

五、程序的检查

单击"选项"菜单，选择"程序检查"命令，进入程序检查环境，即可对程序进行检查，包括 3 项：检查软元件有无错误、检查输出软元件和检查各回路有无错误。

六、程序的下载、运行和监控

（1）正确连接好编程电缆，单击 PLC 菜单，选择"写出"命令，输入程序步数，单击"确定"按钮即可下载程序到 PLC 上。（注意 PLC 机上的开关拨向 STOP，否则会出现通信错误。）

（2）下载完程序，把 PLC 机上的开关拨向 RUN，闭合开关观察运行现象。

（3）单击"监控/测试"菜单，选择"开始监控"命令，即可监控程序的执行过程。

练习题

试用 GX Developer 或 FXGP 软件完成图 1-42 所示梯形图的编写。

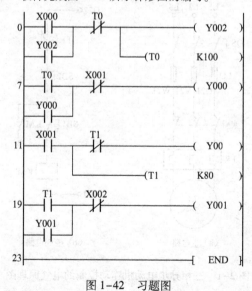

图 1-42 习题图

项目二　FX 系列 PLC 基本逻辑指令的应用

学习目标

● 熟练掌握三菱 PLC 的取、与、或、非、输出、结束等基本逻辑指令系统。
● 熟悉编程软件中梯形图的画法
● 能够编制梯形图控制程序，解决简单的实际控制问题。

任务一　电动机的连动控制

任务导入

　　三菱 FX2N 系列 PLC 共有 27 条基本逻辑指令，熟练使用它们是学好 PLC 的基础。设计 PLC 的初衷就是为替代传统的继电器 – 接触器控制，这也是 PLC 最基本的功能，即基本逻辑控制功能。因此在学习 PLC 编程时，先从对继电器 – 接触器控制电路改造开始学习。图 2-1 所示的是三相异步电动机的连动控制的电气原理图。试用 PLC 对其控制电路进行改造，从而熟悉 PLC 基本逻辑指令及应用。

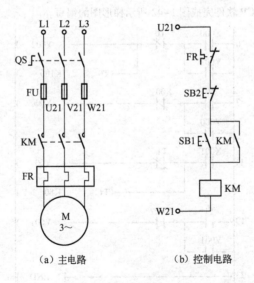

（a）主电路　　　　　（b）控制电路

图 2-1　三相异步电动机连动控制的电气原理图

知识链接

一、相关的外围设备

1. 刀开关

刀开关是一种手动元器件，广泛用于配电设备起隔离电源的作用，有时也用于直接启动小容量的笼形异步电动机。刀开关可分为开启式负荷开关和封闭式负荷开关。

刀开关的文字符号为 QS，其实物图及图形符号如图 2-2 所示。

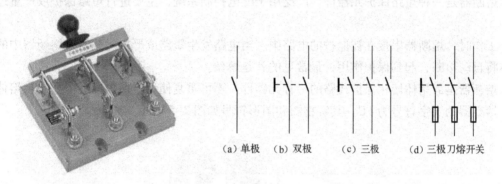

（a）单极　（b）双极　（c）三极　（d）三极刀熔开关

图 2-2　刀开关实物图和图形符号

2. 按钮

按钮是一种手动且可以自动复位的控制元器件，其结构简单，控制方便。

按钮由按钮帽、复位弹簧、桥式触点和外壳等组成。其实物图及结构图如图 2-3 所示。触点额定电流 5 A 以下，分为常开按钮和常闭按钮。在外力作用下，动触点下行，先与"1"、"2"静触点分开，后与"3"、"4"静触点接合，即常闭触点先断开，常开触点后闭合；复位时，常开触点先断开，常闭触点后闭合。

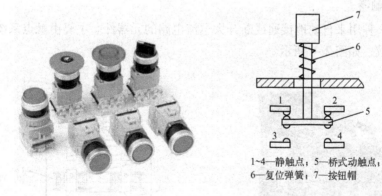

1~4—静触点；5—桥式动触点；
6—复位弹簧；7—按钮帽

图 2-3　实物图及原理图

按钮按用途和结构的不同，可分为常开按钮、常闭按钮和复合式按钮。

按钮的文字符号为 SB，其图形符号如图 2-4 所示。

按钮的颜色一般有红、绿、黑、黄、白、蓝等多种，习惯上，"停止"按钮用红色的；"启动"按钮用绿色的；"点动"按钮用黑色的；"复位"按钮用蓝色的。

按钮的工作电压有交、直流之分，形式也较多，常见的型号有 LA18、LA19、LA20、LA25 和 LA1Y3。用户可根据不同情况进行选购。

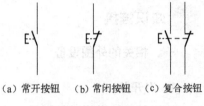

（a）常开按钮　（b）常闭按钮　（c）复合按钮

图 2-4　按钮的图形符号

3. 熔断器

熔断器是一种短路保护元器件，广泛用于配电控制系统，主要进行短路保护或严重过载保护。

工作时，熔断器串接在被保护的电路中。当电路发生短路或严重过载时，熔断器中的熔断体将自动熔断，起到保护作用，最常见的就是熔丝。

熔断器是靠熔体熔化保护线路的一种元器件，不可重复使用。保护以后需要更换熔体。熔断器的文字符号为 FU，其实物图和图形符号如图 2-5 所示。

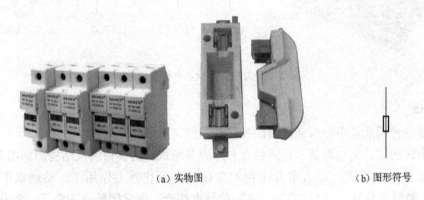

（a）实物图　　　　　　　　　　　　　　　　（b）图形符号

图 2-5　熔断器的实物图和图形符号

4. 交流接触器

接触器是一种用来自动地接通或断开大电流电路的元器件。主要由触点系统、电磁机构和灭弧装置组成，如图 2-6 所示。

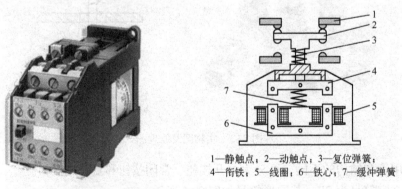

1—静触点；2—动触点；3—复位弹簧；
4—衔铁；5—线圈；6—铁心；7—缓冲弹簧

图 2-6　实物图及结构原理图

接触器的基本工作原理：当线圈通电时，静铁心产生电磁吸力，将动铁心吸合，由于触点系统是与动铁心联动的，因此动铁心带动三条动触片同时运行，触点闭合，从而接通电源。当线圈断电时，吸力消失，动铁心联动部分依靠弹簧的反作用力而分离，使主触点断开，切断电源。

接触器的文字符号为 KM，其图形符号如图 2-7 所示。

常用的交流接触器有 CJ20、CJ10、CJ12、CJ12X、CJX2、CJX1 等系列。

　　（a）常开主触点　（b）常闭主触点　（c）常开辅助触点　（d）常闭辅助触点　（e）线圈

图 2-7　接触器的图形符号

5. 热继电器

热继电器是一种利用输入电流所产生的热效应能够做出相应动作的一种继电器。主要用来对异步电动机进行过载保护。

热继电器由发热元件、双金属片、触点及一套传动和调整机构组成。发热元件是一段阻值不大的电阻丝，串接在被保护电动机的主电路中。双金属片由两种不同热膨胀系数的金属片碾压而成。双金属片下层的热膨胀系数大，上层的热膨胀系数小。当电动机过载时，通过发热元件的电流超过整定电流，双金属片受热向上弯曲推动扣板，使常闭触点断开。由于常闭触点是接在电动机的控制电路中的，它的断开会使得与其相接的接触器线圈断电，从而接触器主触点断开，电动机的主电路断电，实现了过载保护。

热继电器动作后，双金属片经过一段时间冷却，按下复位按钮即可复位。鉴于双金属片受热弯曲过程中，热量的传递需要较长的时间，因此，热继电器不能用作短路保护，而只能用作过载保护。

热继电器的文字符号为 FR，其实物图和图形符号如图 2-8 所示。

常用的热继电器有 JRS1、JR20、JR16、JR15、JR14 等系列。

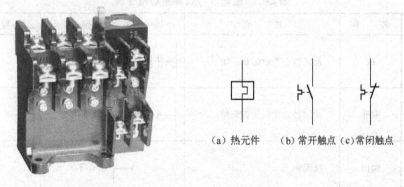

　　（a）热元件　　（b）常开触点　（c）常闭触点

图 2-8　热继电器

6. 三相异步电动机

三相异步电动机主要由定子和转子组成。其基本工作原理是：三相定子绕组中通入三相对称交流电，在电动机气隙中产生旋转磁场；转子导体切割旋转磁场，产生感应电动势和感应电流；转子载流导体在磁场中受到电磁力的作用，从而形成电磁转矩，驱使电动机转子转动。

三相异步电动机的旋转方向始终与旋转磁场的旋转方向一致，而旋转磁场的方向又取决于异步电动机的三相交流电的相序，因此，三相异步电动机的转向与电流的相序一致。要改变转向，只需改变电流的相序即可，即任意对调电动机的两根电源线，便可使电动机反转。

三相异步电动机功率大，主要制成大型电动机。它一般用于有三相电源的大型工业设备中。对于 1 kW 以下的小功率三相异步电动机，不仅可以作三相运行，而且也可以作单相运行。

三相异步电动机的文字符号为 M，其实物图和图形符号如图 2-9 所示。

(a) 实物图　　　　　　(b) 图形符号

图 2-9　三相异步电动机的实物图和图形符号

二、相关的基本逻辑指令

1. 逻辑取和线圈驱动指令

逻辑取和线圈驱动指令的符号、名称、功能、梯形图表示及操作元件和程序步如表 2-1 所示。

表 2-1　逻辑取和线圈驱动指令表

符　号	名　称	功　能	梯形图表示及操作元件	程　序　步
LD	取	常开触点逻辑运算起始	⊢｜⊢　X/Y/M/T/C/S	1
LDI	取非	常闭触点逻辑运算起始	⊢｜/｜⊢　X/Y/M/T/C/S	1
OUT	输出	线圈驱动	⊢（　）⊢　Y/M/T/C/S	Y/M：1 T：3 C：3～5

（1）指令实例。图 2-10 所示的是配有指令表的梯形图，注意梯形图和指令表是一一对应关系。左边竖线称为左母线，右竖线称为右母线。左起取常开触点 X000，然后输出 Y000 的线圈；左起取常闭触点 X000，然后输出 M0 的线圈和定时器的线圈，注意定时器带有常数 K10；左起取常开触点 T0，然后输出 C0 的线圈，注意计数器带有常数 K3。

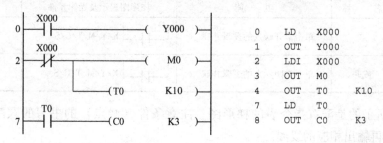

图 2-10　梯形图

（2）注意事项：

① OUT 指令可以连续使用无数次，相当于线圈的并联（如 M0 和 T0 线圈）。

② 输出定时器 T 和计数器 C 时必须带有设定值。

③ OUT 指令不能用于输出继电器 X。

2. 触点串联指令

触点串联指令的符号、名称、功能、梯形图表示及操作元件和程序步如表 2-2 所示。

表 2-2　触点串联指令表

符　号	名　称	功　能	梯形图表示及操作元件	程　序　步
AND	与	常开触点串联连接	─┤├─ X/Y/M/T/C/S	1
ANI	与非	常闭触点串联连接	─┤/├─ X/Y/M/T/C/S	1

（1）指令实例。图 2-11 所示的是配有指令表的梯形图，注意梯形图和指令表是一一对应关系。

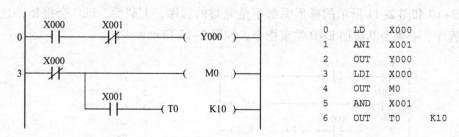

图 2-11　梯形图

（2）注意事项：如果串联的不是一个触点，而是一个触点组，那就不是用 AND/ANI 了，而是用 ANB 了。

3. 逻辑或指令

逻辑或指令的符号、名称、功能、梯形图表示及操作元件如表 2-3 所示。

表 2-3　逻辑或指令表

符　号	名　称	功　能	梯形图表示及操作元件	程 序 步
OR	或	单个常开触点的逻辑并联	X/Y/M/T/C/S	1
ORI	或非	单个常闭触点的逻辑并联	X/Y/M/T/C/S	1

图 2-12 所示的是配有指令表的梯形图。注意条件（触点）的书写的顺序按照逻辑顺序，写完条件再输出相应的线圈。

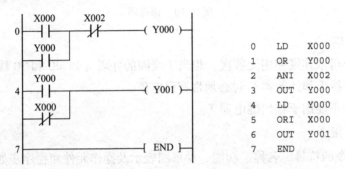

图 2-12　梯形图与指令表

4. 程序结束指令

程序结束指令的符号、名称、功能、梯形图表示及操作元件和程序步如表 2-4 所示。

表 2-4　程序结束指令表

符　号	名　称	功　能	梯形图表示及操作元件	程 序 步
END	结束	程序结束	[END]	1

图 2-10 和图 2-11 所示的梯形图都不是完整的程序，下载后，PLC 会报错，且不能正常运行程序，必须为其添加 END 结束指令，如图 2-13 所示。

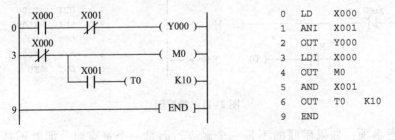

图 2-13　梯形图

三、电气改造的步骤

电气改造步骤大致分以下 3 步：

(1) 确定 I/O 设备，分配 I/O 地址，画 PLC I/O 接口图。

(2) 主电路保持不变。

(3) 将控制电路转换成梯形图。

注意：不符合梯形图规则的应该做合理的修改，即——转变原控制电路中的元器件的符号。元器件的符号和梯形图图形的对应关系如表 2-5 所示。元器件名称都改成元器件对应的接口地址号。

表 2-5　对应关系

元器件电气符号	对应的梯形图图形
	─┤├─
	─┤╱├─
	─( )─

四、梯形图的画图规范

PLC 的控制功能是由程序实现的。目前 PLC 常用的编程语言有以下 5 种：

(1) 梯形图语言：形象直观、类似于电气控制系统中的继电器控制电路图。电气技术人员容易接受。

(2) 助记符（指令表）语言：PLC 的命令语句表达式，类似于计算机汇编语言。

(3) 功能图语言：类似于数字逻辑电路图的编程语言。熟悉数字电路的人容易接受。

(4) 顺序功能图语言：常用来编制顺序控制程序。

(5) 高级语言：类似于 BASICA 语言、C 语言。

下面重点介绍梯形图语言。

梯形图语言形象直观、类似于电气控制系统中的继电器控制电路图。利用梯形图进行编程时应注意以下几方面的事项：

(1) 程序按行从上到下，每一行从左到右顺序编写。PLC 程序执行顺序与梯形图的编写一致。

(2) 左边竖线称为左母线，右边竖线称为右母线。左母线右侧放置输入接点和内部继电器触点（触电有两种：常开触点和常闭触点）。

(3) 最右侧必须放置输出器件。输出器件用圆圈或小括号表示。输出线圈直接与右母线相连，输出线圈与右母线之间不能有触点。右母线可以不画。

(4) 触点可任意串、并联；而输出线圈只能并联，不可串联；且只能画在水平线上。

(5) 图中不可以出现同名的线圈，但可以出现无数同名触点。

(6) 图中每个编程元件应有标号。

任务实施

一、控制要求分析

（1）按下按钮 SB1，KM 线圈得电，常开辅助触点闭合形成自锁，常开主触点闭合，电动机启动并保持。

（2）按下 SB2 按钮，KM 线圈失电，电动机停止运转。

二、控制系统程序设计

（1）系统 I/O 地址分配。由图 2-1 所示三相异步电动机的连动控制电路可知，输入设备有：按钮 2 个和热继电器 1 个；输出设备有交流接触器 1 个。系统的 I/O 地址分配如表 2-6 所示。

表 2-6　I/O 地址分配表

类　　型	元 件 名 称	地　　址	作　　用
输入	热继电器 FR	X0	过载保护
	按钮 SB1	X1	启动按钮
	按钮 SB2	X2	停止按钮
输出	交流接触器 KM	Y0	驱动电动机

（2）系统 I/O 接线图。主电路保持不变。根据系统 I/O 地址分配表，完成 PLC 的外围接线，接线图如图 2-14 所示。

（3）编写程序。根据 I/O 地址分配，改造后的系统梯形图如图 2-15 所示。

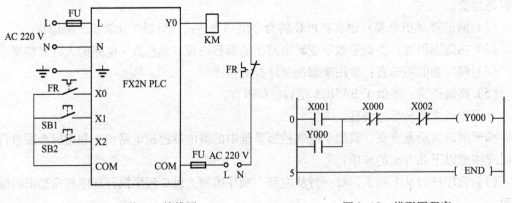

图 2-14　系统 I/O 接线图　　　　　　图 2-15　梯形图程序

知识拓展

一、置位和复位指令

本次任务还可以用置位和复位指令实现控制电路改造。图 2-17 所示的梯形图与图 2-15 所示梯形图等效（I/O 分配接口图一致）。

置位和复位指令的符号、名称、功能、梯形图表示及操作元件如表 2-7 所示。

表 2-7 置位和复位指令表

符号	名称	功　　能	梯形图表示及操作元件	程　序　步
SET	置位	动作保持	⊣├─ SET Y、M、S	Y、M：1 步 S、M：2 步
RST	复位	消除动作保持，当前值及寄存器清零	⊣├─ RST Y、M、S、T、C、D、V、Z	T、C：2 步 D、V、Z、D：3 步

图 2-16（a）图所示的是 SET 和 RST 指令的用法，当 X000 由 OFF → ON 时，Y000 被驱动置成 ON 状态，而当 X000 断开时，Y000 的状态仍然保持，而当 X002 由 OFF → ON 时，Y000 被驱动置成 OFF 状态，即复位状态。X002 断开时，对 Y000 的状态没有影响。图 2-16（a）图和图 2-16（b）所示的梯形图是等价的。

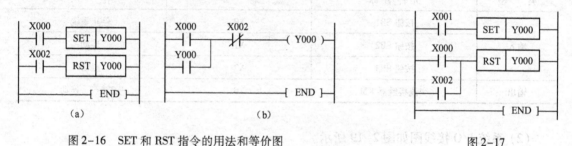

图 2-16 SET 和 RST 指令的用法和等价图

图 2-17

二、拓展练习

实际生产中，生产机械除了需要连动控制，还常需要点动控制，如机床调整对刀和刀架、立柱的快速移动、工件位置的调整等。

带点动的电动机连动控制电路图如图 2-18 所示。试利用 PLC 实现电动机的点动和连动控制改造。

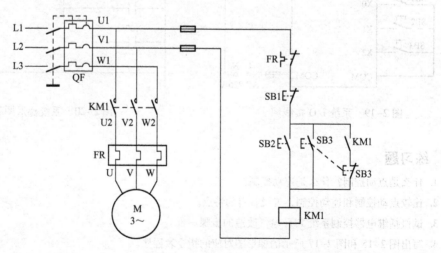

图 2-18 带点动的电动机连动控制电路

1. 控制要求分析

（1）按下按钮 SB2，线圈 KM1 得电，常开辅助触点 KM1 闭合形成自锁，常开主触点闭合，电动机启动并保持，实现连动控制。

（2）按下按钮 SB1，线圈 KM1 的失电，电动机停止运转。

（3）按下按钮 SB3，线圈 KM1 得电，常开辅助触点 KM1 闭合，但由于 SB3 常闭触点处于断开状态，因而无法形成自锁，实现电动机点动控制。

2. 控制系统程序设计

（1）系统 I/O 地址分配，如表 2-8 所示。

表 2-8　I/O 地址分配表

类　　型	元件名称	地　　址	作　　用
输入	按钮 SB1	X0	停止系统
	按钮 SB2	X1	连动
	按钮 SB3	X2	点动
输出	交流接触器 KM	Y0	正转点、连动

（2）系统 I/O 接线图如图 2-19 所示。

（3）系统程序。根据 I/O 地址分配和控制要求，编写 PLC 程序如图 2-20 所示。

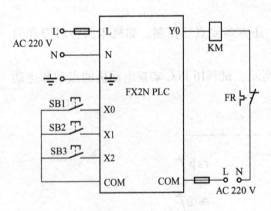

图 2-19　系统 I/O 接线图

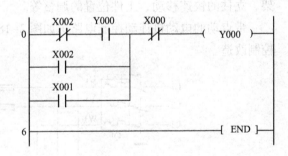

图 2-20　系统梯形图程序

练习题

1. 什么是点动控制？什么是连动控制？

2. 比较点动控制和连动控制，说说各自的特点。

3. 试概括继电器控制系统 PLC 电气改造的步骤。

4. 写出图 2-15 和图 2-17 所示的梯形图对应的指令表程序。

5. 写出图 2-20 所示的梯形图对应的指令表程序。

6. 图 2-21 是同一台电动机的两地连动控制，请利用 PLC 对其进行改造。

7. 写出刀开关、熔断器、按钮、热继电器、三相异步电动机的文字符号和图形符号。

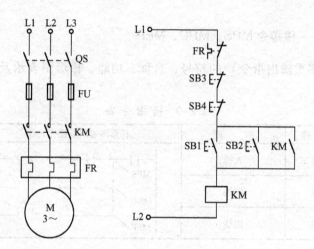

图 2-21 第 6 题系统原理图

任务二 电动机正反转控制电路

任务导入

机床电动机运行在许多场合需要正转或反转都可以进行控制，电路如图 2-22 所示。试利用 PLC 实现三相异步电动机正反转控制。

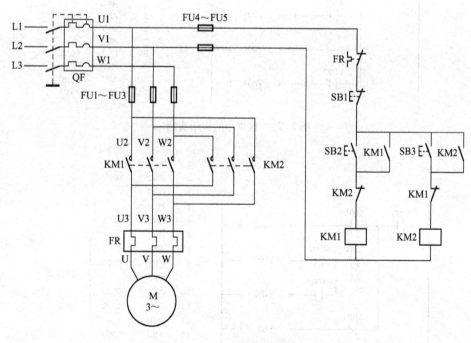

图 2-22 电动机的正反转控制

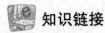知识链接

一、相关指令——栈指令 MPS、MRD、MPP

栈指令（也称多重输出指令）的符号、名称、功能、梯形图表示及操作元件和程序步如表 2-9 所示。

表 2-9　栈指令表

符　号	名　　称	功　能	梯形图表示及操作元件	程　序　步
MPS	入栈	入栈		1
MRD	读栈	读栈	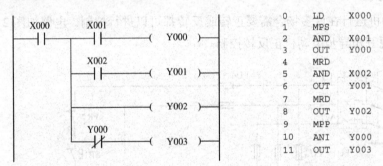	1
MPP	出栈	出栈		1

FX 系列的 PLC 有 11 个栈存储器，当使用 MPS 时，现时的运算结果压入栈的第一层，栈中原来的数据依次下推一层；当使用 MRD 时，栈内的数据不发生移动，而是将栈的第一层数据读出；当使用 MPP 时，是将第一层的数据读出，同时该数据就从栈中消失。编程时，MPS 和 MPP 必须成对出现，并且连续使用的次数应该少于 11 次。图 2-23 是栈指令的应用实例。图 2-24 是栈指令的二级嵌套实例。

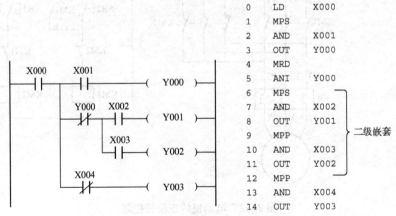

图 2-23　栈指令的应用实例

图 2-24　栈指令的二级嵌套

二、互锁电路

1. 自锁的定义

依靠接触器自身常开辅助触点保持线圈得电的电路，称为自锁回路。不难看出，图 2-25 的 KM1、KM2 各有一个自锁回路。

2. 互锁的定义

互锁分电气互锁和机械互锁，同时具有这两种互锁的控制方式，称为"双重互锁"；依靠接触器自身的常闭触点制约其他线路线圈得电的控制方式，称为"电气互锁"；依靠复合按钮自身的常闭触点制约其他线路线圈得电的控制方式，称为"机械互锁"。图 2-25 中，KM1 的常闭触点串接于 KM2 线圈回路，KM2 的常闭触点串接于 KM1 线圈回路，以实现 KM1、KM2 不能同时工作的要求，即实现了电气互锁；另外，电路采用复合按钮，将 SB2、SB3 的常闭触点分别串接于 KM2、KM1 线圈回路，以实现机械互锁。可以看出在电路中设置电气互锁和机械互锁的目的都是为了确保两个及以上线圈不同时

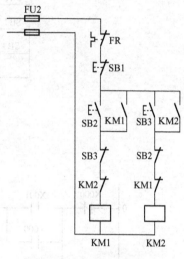

图 2-25 双重互锁电路

工作，在电动机正反转电路尤其要注意设置互锁电路，避免造成主电源短路事故。

 任务实施

一、控制要求分析

现利用 PLC 实现三相异步电动机正反转控制，且正反转不得同时工作，以免造成主电源短路事故。

二、系统设计

（1）系统 I/O 地址分配，如表 2-10 所示。

表 2-10 I/O 地址分配表

类　型	元件名称	地　址	作　用
输入	按钮 SB1	X0	停止系统
	按钮 SB2	X1	正转控制
	按钮 SB3	X2	反转控制
输出	交流接触器 KM1	Y0	正转输出
	交流接触器 KM2	Y1	反转输出

（2）系统 I/O 接线图，如图 2-26 所示。

（3）系统程序。根据 I/O 地址分配和控制要求，编写 PLC 程序，如图 2-27 所示。

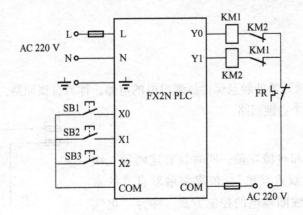

图 2-26 系统 I/O 接线图

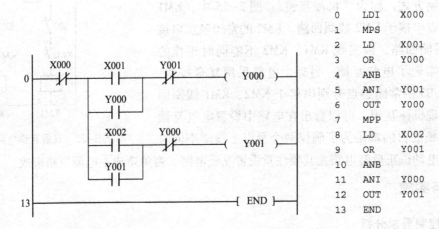

```
0    LDI   X000
1    MPS
2    LD    X001
3    OR    Y000
4    ANB
5    ANI   Y001
6    OUT   Y000
7    MPP
8    LD    X002
9    OR    Y001
10   ANB
11   ANI   Y000
12   OUT   Y001
13   END
```

图 2-27 系统梯形图程序

 知识拓展

一、主控指令——MC、MCR

主控指令的符号、名称、功能、梯形图表示及操作元件和程序步如表 2-11 所示。

表 2-11 主控指令表

符号	名 称	功 能	梯形图表示及操作元件	程 序 步
MC	主控	主控电路块的起点	——[MC N M/Y] N=M 除特殊辅助继电器以外的 M	3
MCR	主控复位	主控电路块的终点	——[MCR N]	2

其中，N 表示嵌套级的编号，编号范围为 N0 ～ N7，即主控梯形图最多能嵌套 8 级。MC 和 MCR 成对出现。

图2-28所示的是主控指令的应用实例。其中公共触点X000下有两个分支电路：第2行和第3行线路。其等效电路如图2-29所示。图2-30是主控梯形图的2次嵌套实例。

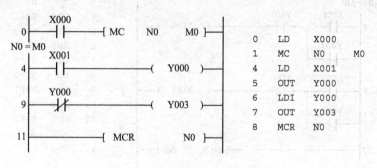

```
 0    X000      ┤ MC   N0    M0
N0=M0  X001
 4    ├┤├       ─( Y000 )
      Y000
 9    ┤/├       ─( Y003 )
11             ┤ MCR      N0 ┤
```

```
0    LD    X000
1    MC    N0        M0
4    LD    X001
5    OUT   Y000
6    LDI   Y000
7    OUT   Y003
8    MCR   N0
```

图2-28　主控指令的应用实例

```
     X000   X001      ( Y000 )
            Y000
            ┤/├       ( Y003 )
```

图2-29　等效电路图

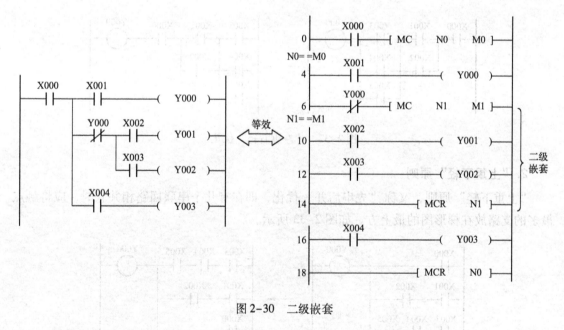

图2-30　二级嵌套

本次任务的梯形图也可以用主控指令编写。图2-31所示的梯形图功能与图2-27所示梯形图的相同。

二、优化问题

PLC程序编写有以下两个优化原则："左重右轻"和"上重下轻"优化原则，所谓的"轻"和"重"是指触点的多少，触点少称为"轻"，触点多称为"重"。

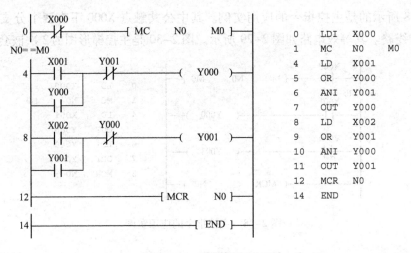

图 2-31　主控梯形图

1. "左重右轻" 原则

"左重右轻" 原则，又称 "先并后串" 优化，即在有几个并联回路相串联时，应将触点最多的支路放在梯形图的最左侧。如图 2-32 所示。

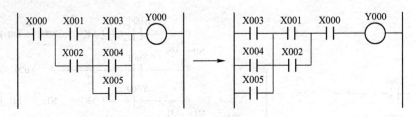

图 2-32　"左重右轻" 优化

2. "上重下轻" 原则

"上重下轻" 原则，又称 "先串后并" 优化，即在有几个串联回路相并联时，应将触点最多的支路放在梯形图的最上方，如图 2-33 所示。

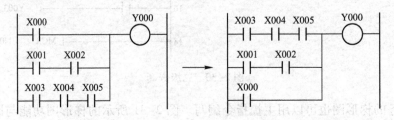

图 2-33　"上重下轻" 优化

如果编写梯形图时遵循 "左重右轻" "上重下轻" 这两个优化原则，那么本任务的梯形图可以不涉及栈指令和主控指令，即将图 2-27 按 "左重右轻" 原则修改即可得到不含栈指令的梯形图，如图 2-34 所示。不难发现，图 2-34 所示的梯形图程序占的步数最少。

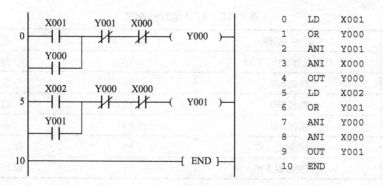

图 2-34 优化后的程序

三、拓展训练

试对电动机顺序控制线路进行电气改造，原理图如图 2-35 所示。画出 I/O 接口图、主控梯形图程序及对应的指令表。

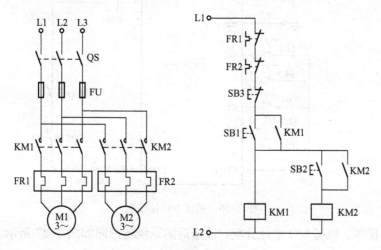

图 2-35 电动机顺序控制线路

1. 控制要求分析

（1）按下按钮 SB1，KM1 线圈得电，常开辅助触点 KM1 闭合形成自锁，常开主触点闭合，电动机 M1 启动并保持。

（2）按下按钮 SB2，KM2 线圈得电，常开辅助触点 KM2 闭合形成自锁，常开主触点闭合，电动机 M2 启动并保持。（M1 启动后，操作 SB2 才有效）

（3）按下按钮 SB3，KM1、KM2 线圈失电，电动机 M1、M2 停止运转。

（4）M1 或 M2 过载，即 FR1、FR2 动作，KM1、KM2 失电，电动机停止运转。

2. 控制系统程序设计

（1）系统 I/O 地址分配。由图 2-35 所示的连动控制电路可知，输入设备有：按钮 3 个、热继电器 2 个；输出设备有交流接触器 2 个。系统的 I/O 地址分配见表 2-12 所示。

表 2-12　I/O 地址分配表

类　型	元 件 名 称	地　址	作　用
输入	热继电器 FR1、FR2	X0	过载保护
	按钮 SB1	X1	启动按钮
	按钮 SB2	X2	启动按钮
	按钮 SB3	X3	停止按钮
输出	交流接触器 KM1	Y0	驱动电动机 M1
	交流接触器 KM2	Y1	驱动电动机 M2

（2）系统 I/O 接线图。主电路保持不变。根据系统 I/O 地址分配表，完成 PLC 的外围接线，接线图如图 2-36 所示。

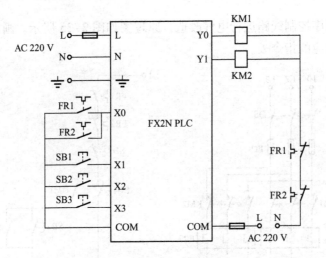

图 2-36　系统 I/O 接线图

（3）编写程序。根据 I/O 地址分配，改造后的系统梯形图如图 2-37 所示。

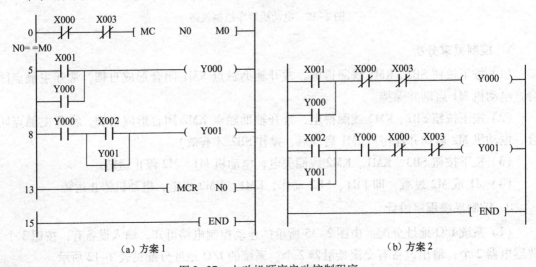

（a）方案 1　　　　　　　　　　（b）方案 2

图 2-37　电动机顺序启动控制程序

练习题

1. 比较图 2-27、图 2-31 和图 2-34 中的三个方案的优劣，说说自己的想法。

2. 写出图 2-37 (a) (b) 所示的梯形图对应的指令表程序。并比较 2 个方案的优劣，说说自己的看法。

3. 电动机的正反转控制电路，必须设置互锁电路，为什么？

4. 如何实现三人抢答器控制，请画出主电路、PLC 接口图及程序。要求有人抢答时用对应抢答器的声音（响 1 s）、灯光（长亮）表示，此时其他人按下抢答按钮无效；应答结束后主持人按下复位后熄掉应答人的灯光，下一题主持人按下开始按钮后才可以再次抢答。

5. 如何实现小车的（多点位）自动往返运动控制（见图 2-38），请画出主电路、PLC 接口图及程序。控制要求：

(1) 启动时，小车从 A 点出发，到 B 点 10 s 后返回 A 点停 15 s，再到 C 点 10 s 后返回 A 点停 15 s，再到 D 点停 10 s 后返回 A 点。

(2) 停止时，小车必须完成一个循环后返回 A 点。

(3) 紧急停止时，小车可随时停下。

(4) 可以点动运行。

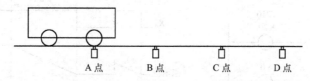

图 2-38 小车自动往返运动控制示意图

任务三 十字路口交通信号灯控制

 任务导入

十字路口交通灯示意图，如图 2-39 所示，具体控制流程状态如表 2-13 所示。

图 2-39 交通灯示意图

表 2-13 控制流程状态

定时时间	东西方向灯	南北方向灯	定时时间	东西方向灯	南北方向灯
10 s	红灯 Y0	绿灯 Y5	10 s	绿灯 Y2	红灯 Y3
3 s	红灯 Y0	黄灯 Y4	3 s	黄灯 Y1	红灯 Y3

试画出 I/O 接口图和梯形图程序。

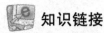知识链接

一、定时时间的设定

本次任务用到的是通用定时器（T0 ～ T245），这类定时器无断电保持功能（线圈失电，内部计数值清零）

（1）T0 ～ T199（200 点）：100 ms 定时器（其中 T192 ～ T199 为中断服务程序专用）；

（2）T200 ～ T245（46 点）：10 ms 定时器。

图 2-40 所示的是定时器的一种应用电路和波形图。当驱动输入 X1 接通时，定时器 T210 的当前值计数器对 10 ms 的时钟脉冲进行累积计数。当该值与设定值 K20（K 表示其后面所带的数据 20 是个十进制数）相等时，定时器的输出触点就接通，即输出触点是其线圈被驱动后的 20 × 10 ms = 200 ms = 0.2 s 时动作。若 X1 的常开触点断开后，定时器 T210 被复位，它的常开触点断开，常闭触点接通，当前值计数器恢复为 0。

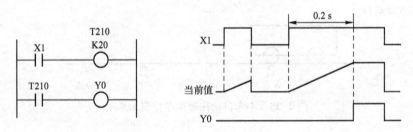

图 2-40 通用定时器

二、循环的实现

利用通用定时器，断电后，内部计数器立即清零，可以重新工作，实现梯形图的循环执行。

以图 2-41 所示的梯形图为例，当 X000 外接开关处于闭合状态，Y000 线圈先得电，同时定时器 T1 线圈得电，开始定时，定时 3 s 后，T1 常闭触点断开，Y000 线圈失电（注意，T1 线圈仍然保持得电状态）；同时 T1 的常开触点闭合，Y2 线圈得电，T3 线圈也得电，开始定时，定时 3 s 后，T3 常闭触点断开，Y2 线圈失电（注意，T3 线圈也仍然保持得电状态），T1 线圈也失电，继而 T1 常开触点断开，T3 线圈也失电，T3 常闭触点复位闭合，梯形图中的所有器件都处于初始状态，只要 X0 为接通状态，那么梯形图就能周而复始地不断循环执行。

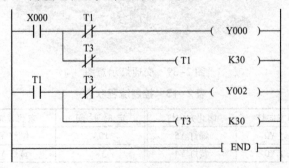

图 2-41 循环控制例子

三、发光二极管

发光二极管（Light Emitting Diode，LED）（见图 2-42）。在电路及仪器中作为指示灯，或者组成文字、数字显示。

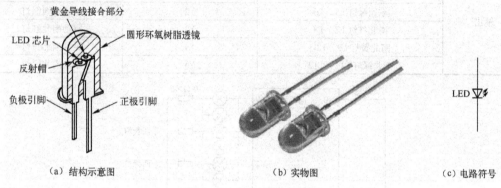

（a）结构示意图　　　　　　　　　（b）实物图　　　　　　　　（c）电路符号

图 2-42　LED 发光二极管

LED 发光二极管是半导体二极管的一种，可以把电能转化成光能。发光二极管与普通二极管一样是由一个 PN 结组成，也具有单向导电性。当给发光二极管加上正向电压后，从 P 区注入到 N 区的空穴和由 N 区注入到 P 区的电子，在 PN 结附近数微米内分别与 N 区的电子和 P 区的空穴复合，产生自发辐射的荧光。不同的半导体材料中电子和空穴所处的能量状态不同。当电子和空穴复合时释放出的能量越多，则发出的光的波长越短。

常用的是发红光、绿光或黄光的二极管（磷砷化镓二极管发红光，磷化镓二极管发绿光，碳化硅二极管发黄光）。

发光二极管的反向击穿电压约 5 V。它的正向伏安特性曲线很陡，使用时必须串联限流电阻以控制通过二极管的电流。限流电阻 R 可用下式计算：

$$R = (E - U_F)/I_F$$

式中　　E——电源电压；

　　　　U_F——LED 的正向压降；

　　　　I_F——LED 的一般工作电流。

 任务实施

一、控制要求分析

根据任务要求，系统需要的输入设备有 SD 启动开关；输出设备有 12 只灯。

二、系统设计

（1）系统 I/O 地址分配。为了用 PLC 控制器来实现控制任务，PLC 需要 1 个输入点，6 个输出点，I/O 地址分配如表 2-14 所示。

（2）系统的 I/O 接线图如图 2-43 所示。

（3）系统的梯形图如图 2-44 所示。

表 2-14　I/O 地址分配表

类　型	元件名称	地　址	作　用
输入	启动开关 SD	X0	启动系统
输出	东西红灯 L1、L2	Y0	驱动东西红灯
	东西黄灯 L3、L4	Y1	驱动东西黄灯
	东西绿灯 L5、L6	Y2	驱动东西绿灯
	南北红灯 L7、L8	Y3	驱动南北红灯
	南北黄灯 L9、L10	Y4	驱动南北黄灯
	南北绿灯 L11、L12	Y5	驱动南北绿灯

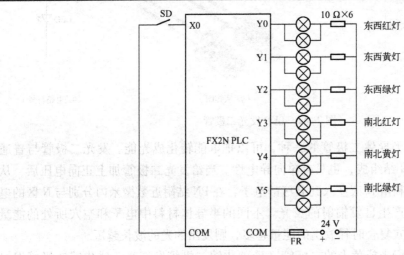

图 2-43　I/O 接线图

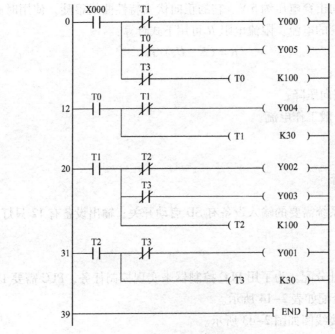

图 2-44　梯形图

知识拓展

联系实际，十字路口交通灯通常还带转弯灯，具体的流程状态如表 2-15 所示。试完成 I/O 分配和梯形图编写。

表 2-15　流程状态表

定时时间	东西方向灯	南北方向灯
10 s	红灯 Y0	绿灯 Y5、右拐绿灯 Y11
3 s	红灯 Y0	黄灯 Y4、右拐绿灯 Y11
10 s	红灯 Y0	左拐绿灯 Y10
10 s	绿灯 Y2、右拐绿灯 Y7	红灯 Y3
3 s	黄灯 Y1、右拐绿灯 Y7	红灯 Y3
10 s	左拐绿灯 Y6	红灯 Y3

一、控制要求分析

根据控制要求，该系统需要一个开关，20 只灯。

二、控制系统程序设计

（1）系统 I/O 地址分配表，如表 2-16 所示。

表 2-16　I/O 地址分配表

类　　型	元 件 名 称	地　　址	作　　用
输入	启动开关 SD	X0	启动系统
输出	东西红灯 L1、L2	Y0	驱动东西红灯
	东西黄灯 L3、L4	Y1	驱动东西黄灯
	东西绿灯 L5、L6	Y2	驱动东西绿灯
	南北红灯 L7、L8	Y3	驱动南北红灯
	南北黄灯 L9、L10	Y4	驱动南北黄灯
	南北绿灯 L11、L12	Y5	驱动南北绿灯
	东西左拐绿灯	Y6	驱动东西左拐绿灯
	东西右拐绿灯	Y7	驱动东西右拐绿灯
	南北左拐绿灯	Y10	驱动南北左拐绿灯
	南北右拐绿灯	Y11	驱动南北右拐绿灯

（2）系统 I/O 接线图，如图 2-45 所示。

（3）系统梯形图如图 2-46 所示。

 练习题

1. 实际生活中的十字路口交通灯的控制过程是怎么样的？应该如何设计？

2. 试用 PLC 实现洗衣机的（定时）洗涤控制，具体要求如下：按下启动按钮后，洗衣机先正转洗涤 5 s，停 2 s，然后再反转 5 s，停 2 s 后，重复上述的步骤，直至按下停止按钮。请画出主电路、PLC 接口图及程序。

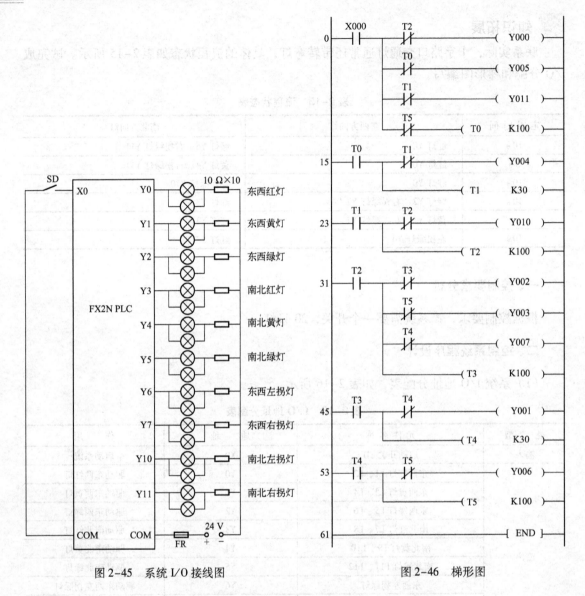

图 2-45　系统 I/O 接线图　　　　　图 2-46　梯形图

任务四　供料状态报警灯控制

任务导入

实际生产中，如果系统出现故障或某些重要条件失去了，通常会用指示灯或蜂鸣器提示用户，以便用户及时操作。如某加工生产线运行过程中，正常时，报警灯为平光；如果供料不足（光电开关 K1 为 OFF 状态），报警灯慢闪（1 s 闪烁一次）报警，提示操作人员及时加料以确保加工的顺利进行；如果没及时加料导致缺料（光电开关 K2 为 OFF 状态），报警灯快闪（1 s 闪烁 2 次）报警。试编程实现上述控制要求。

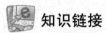

知识链接

一、辅助继电器

1. 处理双线圈

梯形图不允许出现两个或两个以上的同名线圈，即所谓的"双线圈"，如果出现，应该设法避免，其中利用辅助继电器是避免双线圈是较常见的方法。如图 2-47（a）所示，图中有 2 个 Y000 线圈，执行时 PLC 只响应第二个 Y000 线圈，即运行结果与预期不一致。应该将其改成图 2-47（b）所示的梯形图。

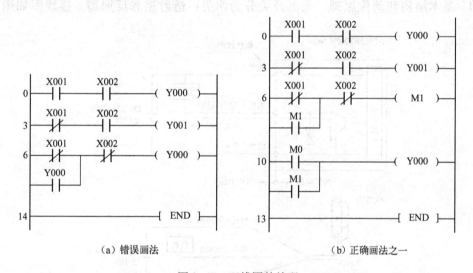

（a）错误画法　　　　　　　　　　　　　　（b）正确画法之一

图 2-47　双线圈的处理

2. 1 Hz 的闪烁

如果是 1 s 闪烁一次，即 0.5 s 亮，0.5 s 灭，可以利用特殊辅助继电器 M8013，M8013 为 PLC 提供的占空比为 1:1 的秒脉冲，即 M8013 的触点每 0.5 s 变换一次状态。如图 2-48 所示，M8013 常开触点闭合的 0.5 s，Y0 线圈得电；M8013 常开触点断开的 0.5 s 中，Y0 线圈失电，如此周而复始，即 Y0 外接的指示灯显然是以 1 Hz 的频率闪烁。

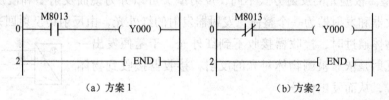

（a）方案 1　　　　　　　　　　　　　　（b）方案 2

图 2-48　频率为 1 Hz 的闪烁

二、振荡电路

如果闪烁的频率不是 1 Hz，则需要定时器构成振荡电路完成非 1 Hz 的闪烁。如图 2-49 所示的为 2 Hz 的闪烁。X000 为 ON 后，Y000 外接的指示灯以 0.2 s 亮、0.3 s 灭的规律闪烁。

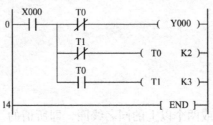

图 2-49　振荡电路

三、光电开关（NPN 型）

（1）基本结构和动作原理。光电开关分为两类：透射型和反射型。接线图如图 2-50 所示。

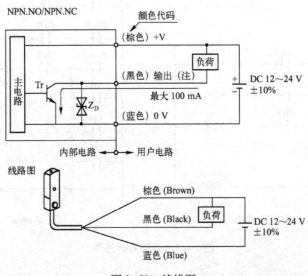

图 2-50　接线图

① 透射型。发射器和接收器相对放置，发射器发射红外线先直接照射到接收器上，当中间有物体通过时，通过的物体会将红外线光源遮挡住，接收器接收不到红外光，于是就发出一个信号。

② 反射型。根据光的反射方式不同，反射型又可以分为镜面反射型和漫反射两种。镜面反射的接收器和发射器为一个整体，发射器发射的红外光，由反射镜反射回来，被接收器接收，当有物体通过时，接收器接收不到红外光，于是便发出一个信号。漫反射是依靠被测物体对光的反射，接收器接收到物体发射的红外线，从而发出信号。

（2）图形符号（见图 2-51）。

图 2-51　图形符号

 任务实施

一、控制要求分析

根据任务要求，系统需要的输入设备有 2 个光电开关；输出设备有 1 只指示灯。

二、系统设计

（1）系统I/O地址分配。为了用PLC控制器来实现控制任务，PLC需要1个输入点，6个输出点，输入、输出点分配如表2-17所示。

表2-17　I/O地址分配表

类　　型	元件名称	地　　址	作　　用
输入	光电开关K1	X1	料不足检测
	光电开关K2	X2	缺料检测
输出	报警指示灯L1	Y0	驱动报警指示灯

（2）系统I/O接线图如图2-52所示。

（3）系统梯形图如图2-53所示。

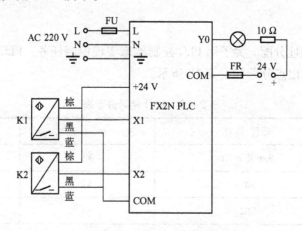

图2-52　系统I/O接线图

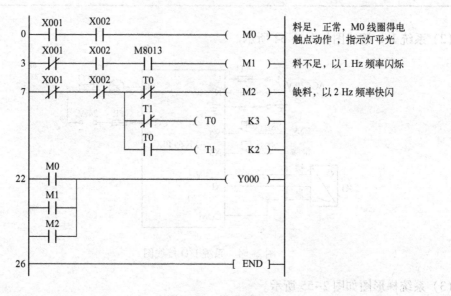

图2-53　梯形图

知识拓展

通过指示灯完成对故障信号的不同状态的不同处理，实现的功能如下所示：

（1）故障出现（光电开关 K1 为 OFF）时，相应的指示灯快闪（亮 0.5 s，暗 0.5 s）；故障消失时，相应的指示灯慢闪（亮 1 s，暗 1 s）

（2）指示灯快闪时按下"确定"按钮，若故障没有消失，指示灯变平光；指示灯慢闪时按下"清除"按钮，指示灯熄灭。

一、控制要求分析

根据任务要求，系统需要的输入设备有 1 个光电开关、2 只按钮；输出设备有 1 只指示灯。

二、系统设计

（1）系统 I/O 地址分配。为了用 PLC 控制器来实现控制任务，PLC 需要 3 个输入点，1 个输出点，输入、输出点分配如表 2-18 所示。

表 2-18　I/O 地址分配表

类　型	元件名称	地　址	作　用
输入	光电开关 K1	X1	故障检测
	SB1	X2	确定键
	SB2	X3	清除键
输出	报警指示灯 L1	Y0	驱动报警指示灯

（2）系统 I/O 接线图如图 2-54 所示。

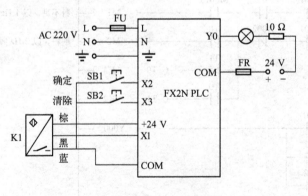

图 2-54　系统 I/O 接线图

（3）系统梯形图如图 2-55 所示。

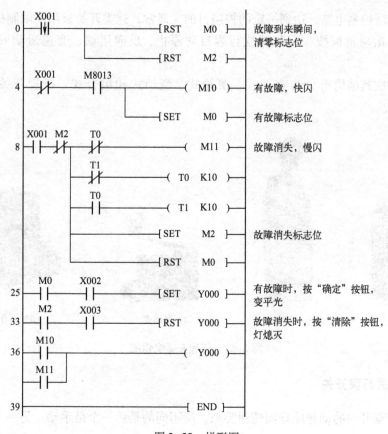

图 2-55 梯形图

 练习题

1. M 是什么软元件？有什么用途？

2. 若想实现占空比为 1:1 的 2 Hz 的闪烁（即 1 s 内闪烁 2 次，亮和暗的时间都为 0.25 s）应该怎么编程？

任务五 工作台往返控制

 任务导入

利用 PLC 实现平面磨床控制电路三相异步电动机自动正反转控制，系统示意图如图 2-56
所示。启动后，工作台先右行至右限位，继
而左行至左限位，如此往返直至按下停止按
钮。其中 SQ2、SQ4 起越限位保护作用。

 知识链接

行程开关，位置开关（又称限位开关）
的一种，是一种常用的小电流主令电器。利
用生产机械运动部件的碰撞使其触头动作来

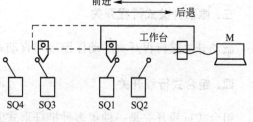

图 2-56 平面磨床工作台示意图

实现接通或分断控制电路，达到一定的控制目的。通常，这类开关被用来限制机械运动的位置或行程，使运动机械按一定位置或行程自动停止、反向运动、变速运动或自动往返运动等。

行程开关按其结构可分为直动式、滚轮式、微动式和组合式。行程开关的实物图如图 2-57 所示。

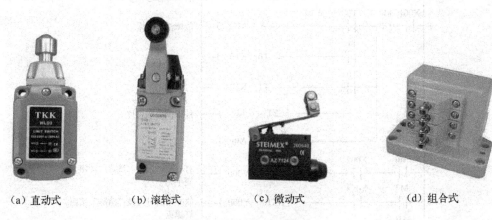

| （a）直动式 | （b）滚轮式 | （c）微动式 | （d）组合式 |

图 2-57　行程开关实物图

一、直动式行程开关

直动式行程开关的动作原理同按钮类似，所不同的是：一个是手动，另一个则由运动部件的撞块碰撞而动作。当外界运动部件上的撞块碰压使其触头动作，当运动部件离开后，在弹簧作用下，其触头自动复位。此类行程开关触点分合的速度取决于生产机械的运行速度，不宜用于速度低于 0.4 m/min 的场所。

二、滚轮式行程开关

滚轮式行程开关又分为单滚轮自动复位式和双滚轮（羊角式）非自动复位式。

当运动机械的挡铁（撞块）压到行程开关的滚轮上时，传动杠连同转轴一同转动，使凸轮推动撞块，当撞块碰压到一定位置时，推动微动开关快速动作。当滚轮上的挡铁移开后，复位弹簧就使行程开关复位，这种是单轮自动恢复式行程开关。而双轮旋转式行程开关不能自动复原，它是依靠运动机械反向移动时，挡铁碰撞另一滚轮将其复原。

三、微动开关式行程开关

微动开关式行程开关的动作原理与直动式行程开关的动作原理相似。

四、组合式行程开关

组合式行程开关是一种集多种推杆形式的行程开关。

行程开关的图形符号如图 2-58 所示。

在实际生产中，将行程开关安装在预先安排的位置，当装于生产机械运动部件上的模块撞击行程开关时，行程开关的触点动作，实现电路的切换。

图 2-58 行程开关的图形符号

行程开关广泛用于各类机床和起重机械，用以控制其行程、进行终端限位保护。在电梯的控制电路中，还利用行程开关来控制开关轿门的速度、自动开关门的限位，轿厢的上、下限位保护。

一般用途行程开关：如 JW2、JW2A、LX19、LX31、LXW5、3SE3 等系列。主要用于机床及其他生产机械、自动生产线的限位和程序控制。

 任务实施

一、控制要求分析

平面磨床开始工作时，工作台前进，当触块碰到 SQ3 时，工作台开始后退，当触块碰到 SQ1 时工作台又开始前进。由于 SQ3、SQ1 动作频繁，容易发生故障，所以另设置 SQ4、SQ2 作为极限保护，被触碰时切断该行进方向的电源，以防止工作台超程滑落，造成事故。

二、系统设计

（1）系统 I/O 地址分配如表 2-19 所示。

表 2-19 I/O 地址分配表

类　型	元件名称	地　址	作　用
输入	按钮 SB1	X0	启动系统
	按钮 SB2	X1	停止系统
	开关 SQ1	X2	右限位
	开关 SQ2	X3	右极限
	开关 SQ3	X4	左限位
	开关 SQ4	X5	左极限
输出	交流接触器 KM1	Y0	工作台右行
	交流接触器 KM2	Y1	工作台左行

（2）系统 I/O 接线图如图 2-59 所示。

（3）系统程序。

根据 I/O 地址分配和控制要求，编写 PLC 程序如图 2-60 所示。

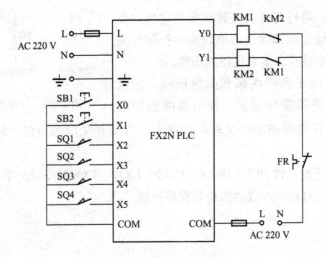

图 2-59　系统 I/O 接线图

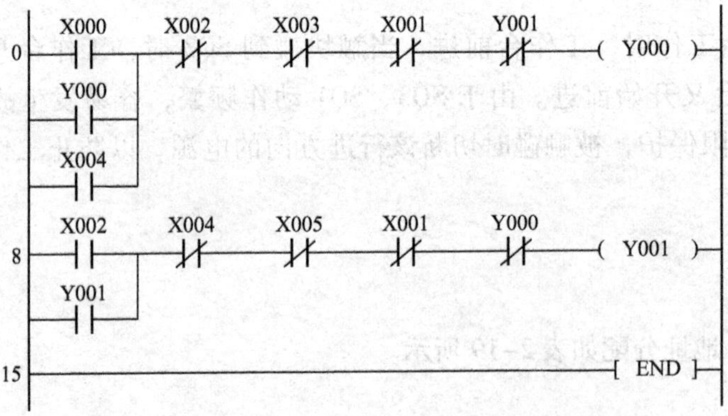

图 2-60　系统梯形图程序

知识拓展

实际应用中，平面磨床工作台（见图 2-61）除了有启动和停止按钮，还有点动调整按钮。主要作用是当工作台停在中间，不在左限位位置，可通过该按钮移动工作台至左限位位置。试编程实现。

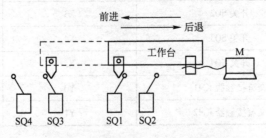

图 2-61　平面磨床工作台示意图

一、控制要求分析

（1）平面磨床开始工作时，工作台前进，当触块碰到 SQ3 时，工作台开始后退，当触块碰到 SQ1 时工作台又开始前进。由于 SQ3、SQ1 动作频繁，容易发生故障，所以另设置 SQ4、SQ2 作为极限保护，被触碰时切断该行进方向的电源，以防止工作台超程滑落，造成事故。

（2）当按下停止按钮后，工作台必须停在起始端（左、右均可）。

（3）工作台可以点动调整位置。

二、系统设计

（1）系统 I/O 地址分配如表 2-20 所示。

表 2-20　I/O 地址分配表

类　　型	元 件 名 称	地　　址	作　　用
输入	按钮 SB1	X0	启动系统
	按钮 SB2	X1	停止系统
	开关 SQ1	X2	左限位
	开关 SQ2	X3	左极限
	开关 SQ3	X4	右限位
	开关 SQ4	X5	右极限
	按钮 SB3	X6	点动右行
	按钮 SB4	X7	点动左行
输出	交流接触器 KM1	Y0	工作台右行
	交流接触器 KM2	Y1	工作台左行

（2）系统 I/O 接线图如图 2-62 所示。

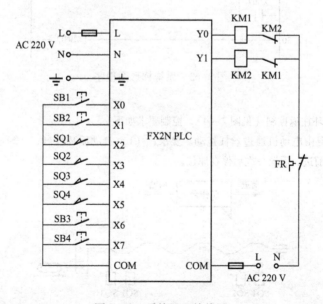

图 2-62　系统 I/O 接线图

（3）根据 I/O 地址分配和控制要求，编写 PLC 程序如图 2-63 所示。

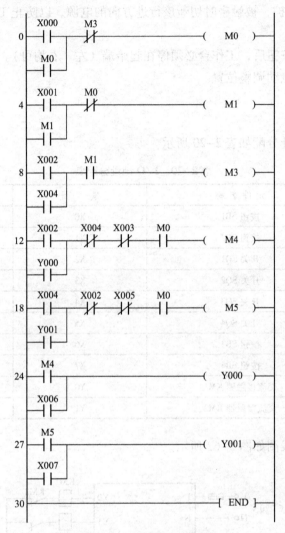

图 2-63　系统梯形图程序

 练习题

1. 工作台自动循环往返控制（见图 2-64），控制要求如下：

工作台前进、后退由电动机通过丝杠拖动。要求：（1）自动循环控制；（2）点动控制（调试用）；（3）单循环运行，即前进、后退一次后停在原位。

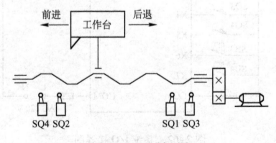

图 2-64　习题 1 图

2. 如何实现小车的（多点位）自动往返运动控制（见图 2-65），请画出主电路、PLC 接口图及程序。

控制要求：

（1）启动时，小车从 A 点出发，到 B 点 10 s 后返回 A 点停 15 s，再到 C 点停 10 s 后返回 A 点停 15 s，再到 D 点停 10 s 后返回 A 点。

（2）停止时，小车必须完成一个循环后返回 A 点。

（3）紧急停止时，小车可随时停下。

（4）可以点动运行。

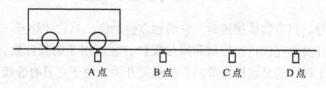

图 2-65　小车自动往返运动控制示意图

任务六　计数器的应用

任务导入

在生产流水线上要对产品的数量进行统计，采用接近开关对产品进行检测，从而实现生产线上产品的计数控制。某系统示意图如图 2-66 所示。试利用 PLC 实现该生产线上产品的计数控制。

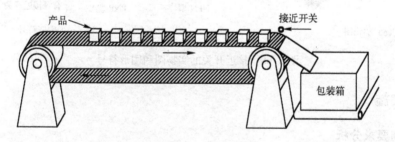

图 2-66　系统示意图

知识链接

一、16 位加计数器（C0 ～ C199）

16 位加计数器共 200 点。其中 C0 ～ C99 为通用型，C100 ～ C199 共 100 点为断电保持型（即断电后能保持当前值待通电后继续计数）。计数器的设定值为 1 ～ 32 767。通常用于程序循环的次数的控制和脉冲信号个数的统计。

下面举例说明通用型 16 位加计数器的工作原理，如图 2-67 所示。

二、接近开关

接近开关又称无触点行程开关，接近开关的实物图和符号如图 2-68 所示。它的功能是

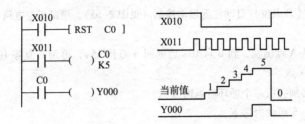

图 2-67　通用型 16 位加计数器

为控制系统提供信号。当有物体接近时，它的触点会动作，当物体移开，其触点复位。它可以代替有触点行程开关来完成行程控制和限位保护，还可用于高频计数、测速、液位控制、零件尺寸检测、加工程序的自动衔接等的非接触式开关。由于它具有非接触式触发、动作速度快、可在不同的检测距离内动作，发出的信号稳定无脉动、工作稳定可靠、寿命长、重复定位精度高以及能适应恶劣的工作环境等特点，所以在机床、纺织、印刷、塑料等工业生产中应用广泛。

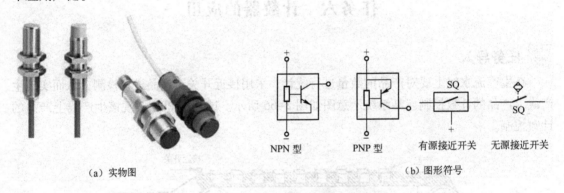

（a）实物图　　　　　　　　　　　　　　　　　　　（b）图形符号

图 2-68　接近开关的实物图和图形符号

任务实施

一、控制要求分析

采用接近开关对产品进行检测，计满 100 只产品时机器停止工作。

二、系统设计

（1）系统 I/O 地址分配，如表 2-21 所示。

表 2-21　I/O 地址分配表

类　型	元件名称	地　址	作　用
输入	按钮 SB1	X0	启动系统
	按钮 SB2	X1	停止系统
	开关 SQ	X2	计数
输出	接触器 KM	Y0	工作台右行

（2）系统 I/O 接线图如图 2-69 所示。

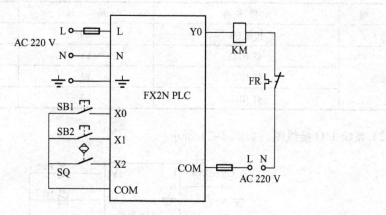

图 2-69　系统 I/O 接线图

（3）该任务的梯形图程序如图 2-70 所示。

0	LD	X000	
1	OR	Y000	
2	ANI	X001	
3	ANI	C20	
4	OUT	Y000	
5	LDF	X002	
7	OUT	C20	K100
10	LD	C20	
11	RST	C20	
13	END		

图 2-70　梯形图程序

知识拓展

利用 PLC 的计数器实现彩灯闪烁次数的控制，控制要求如下：

按下按钮 SB，HL1 亮，延时 1 s 后，HL1 熄灭，同时 HL2 亮，再延时 2 s 后，HL2 熄灭，同时 HL3 亮，再延时 3 s 后，HL3 熄灭，同时 HL1 亮，延时 1 s 后……重复上述步骤 4 次后，系统自动停止工作，3 只灯均处于熄灭状态。

一、控制要求分析

根据控制要求，该系统需要 1 个开关，3 只灯。

二、系统设计

（1）系统 I/O 地址分配表，如表 2-22 所示。

表 2-22　系统 I/O 地址分配表

类　型	元件名称	地　址	作　用
输入	按钮 SB	X0	系统运行
输出	灯 HL1	Y1	驱动灯 HL1
	灯 HL2	Y2	驱动灯 HL2
	灯 HL3	Y3	驱动灯 HL3

（2）系统 I/O 接线图，如图 2-71 所示。

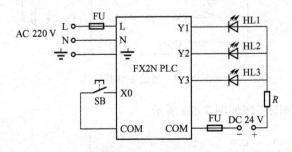

图 2-71　系统 I/O 接线图

（3）该任务的梯形图程序如图 2-72 所示。

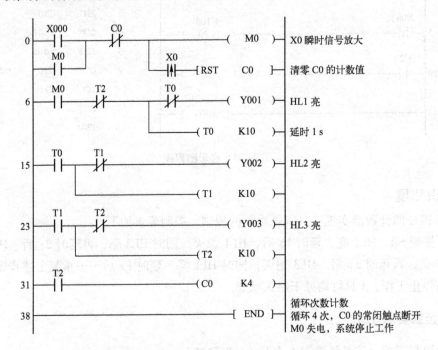

图 2-72　梯形图程序

练习题

1. 若将图 2-70 所示的梯形图改成图 2-73，试判断是否还能完成该任务的控制要求，若不能请修改。

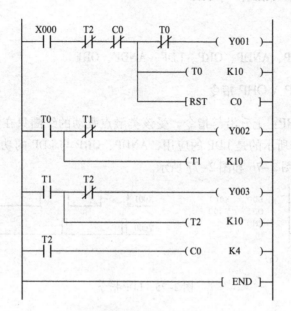

图 2-73 习题 1 图

2. 如何实现洗衣机的洗涤次数的控制，控制要求具体如下：

按下启动按钮后，洗涤电动机正转 5 s，停 2 s，然后电动机反转 5 s，再停 2 s……如此循环 5 次后，系统自动停止工作。请画出 PLC 的 I/O 接口图及梯形图程序。

3. 如何实现两条流水线的对接？请画出主电路、PLC 接口图及程序。示意图如图 2-74 所示。控制要求如下：

流水线上的产品计数达到设定值后，让产品线暂停，包装线开始移动，包装箱到位后产品线开始工作。

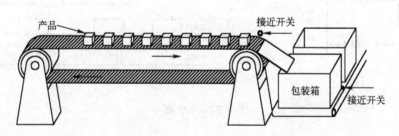

图 2-74 系统示意图

任务七 冲 水 控 制

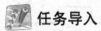 **任务导入**

有一大部分商场的洗手间采用自动冲水控制：当有人在时（光电开关为 ON 状态），先冲水 2 s，然后延时 4 s 后，再冲水 2 s；等人离开后（光电开关为 OFF 状态），再冲水 3 s。试用写出该系统的 I/O 分配表，并编写程序完成以上控制。

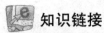知识链接

脉冲型指令：LDP、ANDP、ORP、LDF、ANDF、ORF。

一、LDP \ ANDP \ ORP 指令

LDP \ ANDP \ ORP：上升沿与指令。受该类触点驱动的线圈只在触点的上升沿接通一个扫描周期。图 2-75 所示的是 LDP 的应用，ANDP、ORP 与 LDP 的功能相同，只是在梯形图中的位置不同。如图 2-76 和图 2-77 所示。

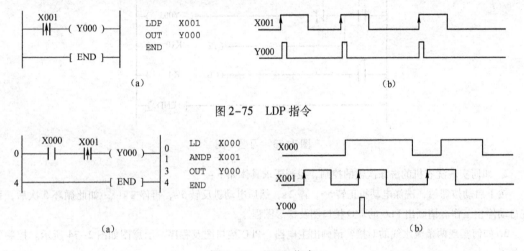

图 2-75　LDP 指令

图 2-76　ANDP 指令

图 2-77　ORP 指令

二、LDF \ ANDF \ ORF 指令

LDF \ ANDF \ ORF：下降沿与指令。受该类触点驱动的线圈只在触点的下降沿接通一个扫描周期。图 2-78 所示的是 LDF 的应用，ANDF、ORF 与 LDF 的功能相同，只是在梯形图中的位置不同。

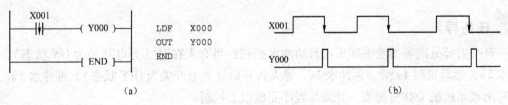

图 2-78　LDF 指令

任务实施

一、控制要求分析

根据控制要求，该系统需要一个光电开关，一个冲水阀。

二、控制系统程序设计

（1）系统I/O地址分配表，如表2-23所示。

表2-23 系统I/O地址分配表

类　型	元件名称	地　址	作　用
输入	光电开关K1	X0	系统运行
输出	冲水阀YV	Y0	冲水

（2）系统I/O接线图，如图2-79所示。

（3）该任务的梯形图程序如图2-80所示。

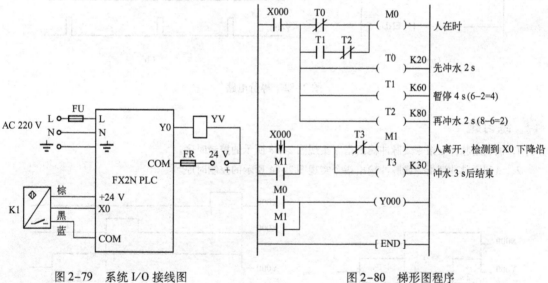

图2-79 系统I/O接线图　　　　　图2-80 梯形图程序

 知识拓展

一、微分指令（脉冲输出指令）

（1）PLS（上升沿微分指令）。在输入信号上升沿产生一个扫描周期的脉冲输出。

（2）PLF（下降沿微分指令）。在输入信号下降沿产生一个扫描周期的脉冲输出。

二、PLS、PLF指令的使用说明

（1）PLS、PLF指令的目标元件为Y和M；

（2）使用 PLS 时，仅在驱动输入为 ON 后的一个扫描周期内目标元件 ON，如图 2-81 所示，M0 仅在 X000 的常开触点由断到通时的一个扫描周期内为 ON；使用 PLF 指令时只是利用输入信号的下降沿驱动，其他与 PLS 相同。

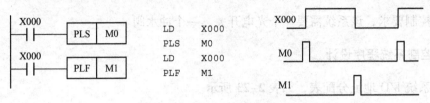

图 2-81　PLS 和 PLF 指令

PLS 和 PLF 指令结合辅助继电器 M 可实现脉冲型指令的功能。图 2-82 所示梯形图的功能与图 2-78 所示梯形图等价。

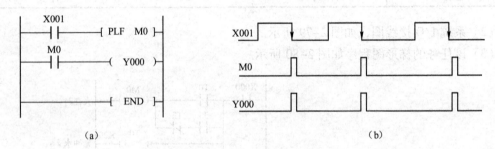

（a）　　　　　　　　　　　　　　　　　　（b）

图 2-82　等价电路

练习题

1. 试利用脉冲型指令或脉冲输出指令实现图 2-83 所示的控制时序。
2. 试利用脉冲型指令或脉冲输出指令实现图 2-84 所示的控制时序。

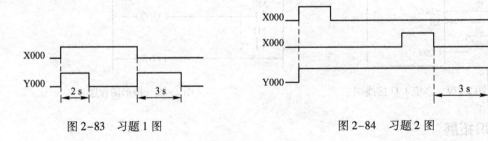

图 2-83　习题 1 图　　　　　　　　　图 2-84　习题 2 图

项目三　FX 系列 PLC 步进顺控指令的应用

学习目标

- 熟练掌握三菱 PLC 的步进顺控指令和 SFC 流程。
- 能够编制状态转移图程序，解决中等复杂程度的实际控制问题。

任务一　液体混合装置的模拟控制

任务导入

　　如图 3-1 所示是某一液体混合装置，开始时容器是空的，各阀门均关闭，各传感器均为 OFF。按下启动按钮后，打开阀 YV1，注入液体 A，当液面达到中限位开关位置时，关闭阀 YV1，打开阀 YV2，注入液体 B。当液面到达上限位开关位置时，关闭阀 YV2，电动机 M 开始运行，搅动液体，6 s 后停止搅动，打开阀 YV3，放出混合液，当液面降至下限位开关，关闭阀 YV3，开始下一个周期。在任意时刻按下停止按钮，暂停操作液体混合，再次按下开始按钮，继续工作。

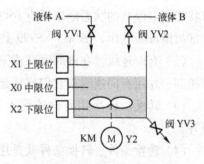

图 3-1　液体混合装置示意图

 知识链接

一、顺序功能图的画法及注意事项

1. 顺序功能图（SFC）

　　前面介绍各梯形图的设计方法一般称为经验设计法，经验设计法没有一套固定的方法步骤可循，具有很大的试探性和随意性，对于不同的控制系统，没有一种通用的容易掌握的设计方法。

　　顺序控制设计法是一种先进的设计方法，很容易被初学者接受，有经验的工程师使用顺序控制设计法，也会提高设计的效率，程序调试、修改和阅读也更方便。

　　所谓顺序控制，就是按照生产工艺预先规定的顺序，在各个输入信号的作用下，生产过程的各个执行机构根据内部状态和时间顺序，自动有序地进行操作。使用顺序控制设计法时首先根据系统的工艺过程，画出顺序功能图，然后根据顺序功能图画出梯形图。

顺序功能图（SFC）是描述控制系统的控制过程、功能和特征的一种图解表示方法。它具有简单、直观等特点，不涉及控制功能的具体技术，近年来在 PLC 的编程中已经得到了普及与推广。

功能图设计的基本思想是：设计者按照生产要求，将被控设备的一个工作周期划分成若干个工作阶段（简称"步"），并明确表示每一步执行的输出，"步"与"步"之间通过制定条件进行转换，在程序中，只要通过正确连接进行"步"与"步"之间的转换，就可以完成被控设备的全部动作。

PLC 执行 SFC 程序的基本过程是：根据转换条件工作"步"，进行"步"的逻辑处理。顺序功能图由步、有向连线、转换、转换条件和动作（又称命令）四部分组成。

（1）步。顺序控制设计法最基本的思想是将系统的一个工作周期划分为若干个顺序相连的阶段，这些阶段称为步，系统初始阶段对应的状态称为初始步，初始步一般用双线框表示。当系统处于某一工作阶段时，则该步处于激活状态，称为活动步。一个步可以有多个动作，也可以没有任何动作。

可以用编程元件 S（状态组件）来代表各步。其中，初始步用状态继电器 S0 ～ S9 表示，回原点状态用回零继电器 S10 ～ S19 表示，普通工作步用继电器 S20 ～ S499 表示，具有状态断电保持的状态继电器有 S500 ～ S899，共 400 点；供报警用的状态继电器（可用作外部故障诊断输出）S900 ～ S999 共 100 点。

（2）有向连线。在画顺序功能图时，将代表各步的方框按它们成为活动步的先后次序顺序排列，并用有向连线将它们连接起来。

（3）转换。转换用有向连线上与有向连线垂直的短画线来表示，转换将相邻两步分隔开。

（4）转换条件。转换条件就是用于改变 PLC 状态的控制信号。只有满足条件状态，才能进行逻辑处理与输出，转换才能实现，即上一步的动作结束而下一步的动作开始，因而不会出现动作重叠。步与步之间必须要有转换条件。可以把"转换条件"看作 SFC 程序选择工作状态的"开关"。转换条件可以用文字语言、布尔代数表达式或图形符号标注在表示转换的短线的旁边，使用得最多的是布尔代数表达式。

2. 顺序功能图的画法

正确绘制顺序功能图是编制步进梯形图的基础。顺序功能图可以将控制的顺序清晰地表示出来，便于机械工程技术人员与电气工程技术人员之间的技术交流与合作。

绘制顺序功能图的步骤如下：

（1）根据工艺流程要求划分"步"，并确定每步的输出。

（2）确定步与步之间的转换条件。

（3）画出步序图。

（4）将工序图转换为顺序功能图。

将工序图中的"步"用相应的状态组件 S 代替，并画出每步驱动的线圈，然后将转换条件用字符或逻辑语言描述出来，就可以得到顺序功能图。

3. 绘制顺序功能图时的注意事项

（1）两个步之间必须用一个转换隔开，两个步绝对不能直接相连。

（2）两个转换之间必须用一个步隔开，两个转换也不能直接相连。

（3）顺序功能图中的初始步一般对应于系统等待启动的初始状态，初始步是必不可少的。

（4）自动控制系统应能多次重复执行同一工艺过程，因此在顺序功能图中一般应有由步和有向连线组成的闭环，即在完成一次工艺过程的全部操作之后，应从最后一步返回初始步，系统停留在初始状态。

（5）在顺序功能图中，只有当某一步的前级步是活动步时，该步才有可能变成活动步。如果用没有断电保持功能的编程元件代表各步（本任务中代表各步的为 S0、S20 ～ S23），进入 RUN 工作方式时，它们均处于 OFF 状态，必须用初始化脉冲 M8002 的常开触点作为转换条件，将初始步预置为活动步，否则因顺序功能图中没有活动步，系统将无法工作。

（6）顺序功能图是用来描述自动工作过程的，如果系统有自动、手动两种工作方式，这时还应在系统由手动工作方式进入自动工作方式时，用一个适当的信号将初始步置为活动步。

二、液位开关

液位开关，又称水位开关、液位传感器，顾名思义，就是用来控制液位的开关。从形式上主要分为接触式和非接触式。

常用的有（接触式的）浮球式液位开关和（非接触式的）电容式液位开关。

1. 浮球式液位开关

浮球式液位开关使用磁力运作，无机械连接件，运作简单可靠。当浮子被测介质浮动时，浮子带动主体移动，同时浮子另一端的磁体将控制动作杆上的磁体。

浮球式液位开关的杠杆能使开关瞬间动作。浮子悬臂角的限位设计，能防止浮子垂直。浮球式液位开关是一种结构简单、使用方便、安全可靠的液位控制器。它比一般机械开关速度快、工作寿命长；与电子开关相比，它又有抗负载冲击能力强的特点，一只产品可以实现多点控制。其在造船、造纸、印刷、发电动机设备、石油化工、食品工业、水处理、电工、染料工业、油压机械等方面都得到了广泛的应用。图 3-2 为浮球式液位开关的实物图，图 3-3 为浮球式液位开关的安装示意图。

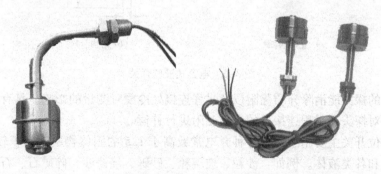

图 3-2 浮球式液位开关

浮球式液位开关，出线有三根，一条公共端（COM），另外两条分别是动断（NC）和动合（NO），如图 3-4 所示。

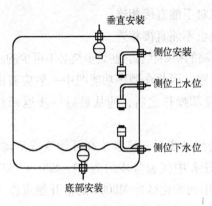

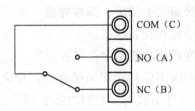

图 3-3　浮球式液位开关安装示意图　　　　图 3-4　接线示意图

干簧管——40 W/AC 250 V

微动开关——5 A/AC 250 V

2. 电容式液位开关

电容式液位开关如图 3-5 所示。其测量原理是：固体物料的物位高低变化导致探头被覆盖区域大小发生变化，从而导致电容值发生变化。探头与罐壁（导电材料制成）构成一个电容器。探头处于空气中时，测量到的是一个小数值的初始电容值。当罐体中有物料注入时，电容值将随探头被物料所覆盖区域面积的增加而相应地增大。在标定过程中，当电容达到设定值 Cs 时，限位开关便会动作。

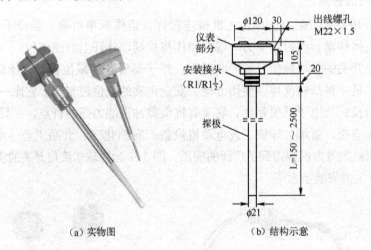

（a）实物图　　　　　　　　（b）结构示意

图 3-5　电容式液位开关

带屏蔽段的探头能消除介质黏附以及过程连接处冷凝对测量的影响。具有自动黏附补偿功能的探头可对探头在过程连接处的介质黏附进行补偿。

电容式液位开关主要用于监测各种介电常数高于 1.5 的固体物料，用于较轻的、干的、小粒度的介质和各类液体。例如：沙粒、玻璃粒、砂砾、浇铸沙、碎矿石、石膏、铝屑、水泥、浮石、谷物、奶粉、面粉、白云石、石灰、糖用甜菜、瓷土、饲料、煤灰、加工原料、洗涤剂、塑料颗粒，酒精，甲醇等。

三、电磁阀

图 3-6（a）所示的是电磁阀的实物图。电磁阀由电磁铁和阀体组成。电磁铁是电磁阀的主要部件之一，其作用是利用电磁原理将电信号转换成阀芯（动铁心）的位移。电磁阀的图形符号如图 3-6（b）所示。电磁阀的种类很多，下面介绍两种常用的电磁阀。

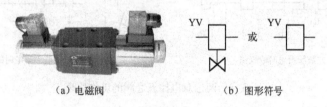

（a）电磁阀　　　　　　　　（b）图形符号

图 3-6　电磁阀的实物图和电磁阀图形符号

1. 两位单电控四通阀

两位单电控四通电磁阀（只有一个电磁线圈）的工作原理如下：当有电流通过线圈时，产生励磁作用，固定铁心吸合动铁心，动铁心带动滑阀芯并压缩弹簧，改变了滑阀芯的位置，从而改变了流体的方向。当线圈失电时，依靠弹簧的弹力推动滑阀芯，顶回动铁心，使流体按原来的方向流动。

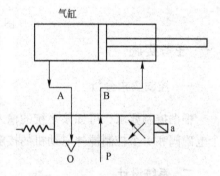

两位单电控四通阀有四个通口，除 P、A、O 外。还有一个输出口（用 B 表示）。流路为 P → A、B → O，或 P → B、A → O。可以同时切换两个流路，主要用于控制双作用气缸。图 3-7 所示的为电磁阀驱动气缸的原理图。当线圈 a 不通电时，气源通过电磁阀的 P 口 → B 口进入气缸的右腔，推动活塞向左移动，气缸左腔气体通过电磁阀的 A 口 → O 口排出；当线圈 a 通电时，电磁阀推动阀芯位，气源通过 P 口 → A 口进入气缸的左腔，推动活塞向右移动，气缸右腔气体通过电磁阀的 B 口 → O 口排出。

图 3-7　两位单电控四通阀驱动
气缸的原理图及图形符号

两位单电控四通阀的图形符号如图 3-9（a）所示。

2. 两位双电控五通阀

两位双电控五通电磁阀（有两个电磁线圈）具有 1 个进气孔（接进气气源）、1 个正动作出气孔和 1 个反动作出气孔（分别提供给目标设备的一正一反动作的气源）、1 个正动作排气孔和 1 个反动作排气孔（安装消声器）。

两位双电控五通电磁阀动作原理：给正动作线圈通电，则正动作气路接通（正动作出气孔有气），即使给正动作线圈断电后正动作气路仍然是接通的，将会一直维持到给反动作线圈通电为止；给反动作线圈通电，则反动作气路接通（反动作出气孔有气），即使给反动作线圈断电后反动作气路仍然是接通的，将会一直维持到给正动作线圈通电为止。这相当于"自锁"。如图 3-8 所示。基于两位双电控五通电磁阀的这种特性，在设计机电控制回路或编制 PLC 程序的时候，可以让电磁阀线圈动作 1 ～ 2 s 就可以了，这样可以保护电磁阀线圈不容易损坏。

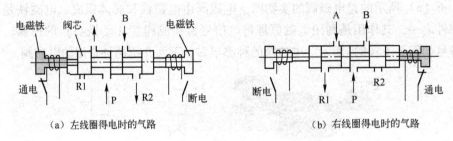

（a）左线圈得电时的气路　　　　　　　　　　（b）右线圈得电时的气路

图 3-8　两位双电控五通阀的工作原理

两位双电控五通阀的图形符号如图 3-9（b）所示。

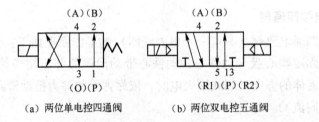

（a）两位单电控四通阀　　　　　（b）两位双电控五通阀

图 3-9　电磁阀图形符号

 任务实施

一、控制要求分析

根据控制要求，可知该系统的输入设备有 3 个浮球液位开关，2 个按钮；输出设备有 3 个电磁阀和 1 个控制搅拌电动机的接触器。

二、系统设计

（1）系统 I/O 地址分配。根据上述分析，共需要 5 个输入点，4 个输出点，I/O 地址分配如表 3-1 所示。

表 3-1　I/O 地址分配表

类　型	元件名称	地　址	作　用
输入	液位开关 SL1	X0	中限位
	液位开关 SL2	X1	上限位
	液位开关 SL3	X2	下限位
	按钮 SB1	X3	启动
	按钮 SB2	X4	停止

类　型	元件名称	地　址	作　用
	YV1	Y0	液体 A 阀门
输出	YV2	Y1	液体 B 阀门
	KM	Y2	启动搅拌电动机 M
	YV3	Y3	混合液阀门

（2）系统程序。根据 I/O 地址分配和控制要求，编写 PLC 程序，如图 3-10 所示的是系统的顺序功能图，其对应的步进梯形图如图 3-11 所示。

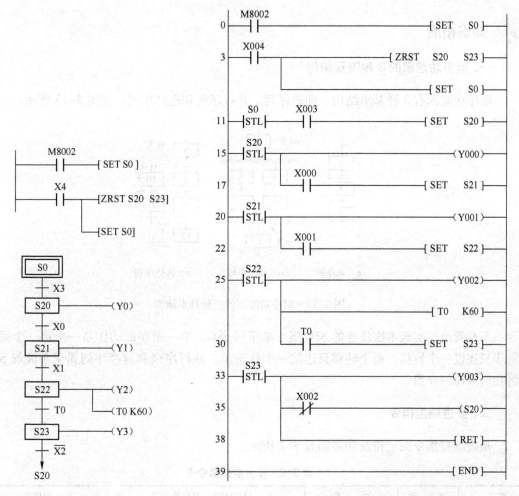

图 3-10　液体混合装置顺序功能图　　　图 3-11　液体混合装置步进梯形图

（3）系统 PLC 接线图，如图 3-12 所示。

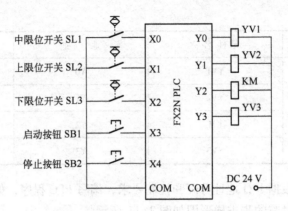

图 3-12　液体混合装置 PLC 接线图

 知识拓展

一、顺序功能图的 3 种流程结构

顺序功能图有 3 种基本结构，即单序列、并行序列和选择序列，如图 3-13 所示。

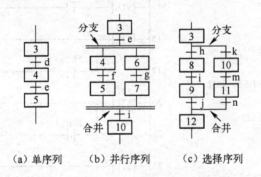

（a）单序列　（b）并行序列　（c）选择序列

图 3-13　顺序功能图的三种基本结构

不难看出，实现本次任务的 SFC 属于单序列 SFC。单一顺序的动作是一个接一个完成，每步只连接一个转移，每个转移只连接一个状态步。并行序列和选择序列属于多流程 SFC，将在后面详细介绍。

二、步进顺控指令

步进顺控指令助记符及功能如表 3-2 所示。

表 3-2　步进顺控指令表

符　号	名　称	功　能	梯形图表示及操作元件	程序步
STL	步进开始	步进梯形图开始	⊢ STL ⊢ ─(　)─ S0 ~ S899	1
RET	步进结束	步进梯形图结束	⊢────────[RET]⊣	1

STL 和 RET 指令的用法如图 3-14 所示。图 3-14 (b)、(c) 分别是图 3-14 (a) 对应的步进梯形图和指令表。

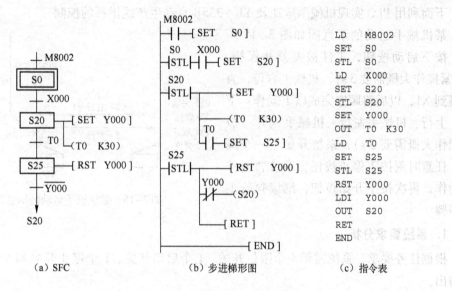

（a）SFC　　　　　　（b）步进梯形图　　　　　（c）指令表

图 3-14　STL 和 RET 指令的用法

使用 STL 指令应注意以下问题：

（1）与 STL 触点相连的触点应使用 LD 或 LDI 指令，即 LD 点移到 STL 触点的右侧，该点成为临时母线。

（2）STL 触点可以直接驱动或通过其他触点驱动 Y、M、S、T 等元件的线圈和应用指令。

（3）由于 CPU 只执行活动步对应的电路块，使用 STL 指令时允许双线圈输出，即不同的 STL 触点可以分别驱动同一编程元件的一个线圈。但是同一元件的线圈不能在可能同时为活动步的 STL 区内出现。

（4）在步的活动状态的转换过程中，相邻两步的状态继电器会同时开始一个扫描周期，可能会引发瞬时的双线圈问题。为了避免同时接通的两个输出（如控制异步电动机正反转的交流接触器线圈）同时动作，除了在梯形图中设置软件互锁电路外，还应在 PLC 外部设置由常闭触点组成的硬件互锁电路。同一定时器的线圈不可以在相邻的步中使用。

（5）STL 指令不能与 MC－MCR 指令一起使用。在 FOR－NEXT 结构中、子程序和中断程序中，不能有 STL 程序块，STL 程序块不能出现在 FEND 指令之后。

（6）并行序列或选择序列中分支处的支路数不能超过 8 条，总的支路数不能超过 16 条。

（7）在转换条件对应的电路中，不能使用 ANB、ORB、MPS，MRD 和 MPP 指令。可用转换条件对应的复杂电路来驱动辅助继电器，再用后者的常开触点来做转换条件。

（8）与条件跳步指令（CJ）类似，CPU 不执行处于断开状态的 STL 触点驱动的电路块中的指令，在没有并行序列时，同时只有一个 STL 触点接通，因此使用 STL 指令可以显著地缩短用户程序的执行时间，提高 PLC 的输入、输出响应速率。

三、拓展练习

下面利用 PLC 实现机械手运动及 YL – 335B 自动生产线供料的控制。

某机械手运动的示意图如图 3–15 所示。按下启动按钮，工件被夹紧并保持，（夹紧操作大概需要 3 s），机械手右行，直到碰到 X1，以后将顺序完成以下动作：下行，上行，机械手左行，机械手松开（放开操作大概需要 3 s），系统开始下一个周期。任意时刻按下停止按钮，系统暂时停止动作，再次按下开始按钮，继续执行上述步骤。

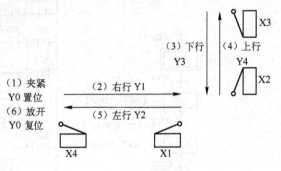

图 3–15　某机械手运动的示意图

1. 系统要求分析

根据任务要求，系统需要 4 个限位开关、1 个启动开关、1 个停止开关和 5 个电磁阀作为输出。

2. 系统设计

（1）系统 I/O 地址分配。为了用 PLC 控制器来实现任务，PLC 需要 6 个输入点，5 个输出点，I/O 地址分配如表 3–3 所示。

表 3–3　I/O 地址分配表

类　　型	元件名称	地　　址	作　　用
输入	按钮 SB1	X0	启动
	行程开关 SQ1	X1	右限位
	行程开关 SQ2	X2	下限位
	行程开关 SQ3	X3	上限位
	行程开关 SQ4	X4	左限位
	按钮 SB2	X5	停止
输出	电磁阀 YV1	Y0	夹紧电磁阀
	电磁阀 YV2	Y1	右行电磁阀
	电磁阀 YV3	Y2	左行电磁阀
	电磁阀 YV4	Y3	下降电磁阀
	电磁阀 YV5	Y4	上升电磁阀

（2）系统程序。根据 I/O 地址分配和控制要求，编写 PLC 程序，图 3–16 所示的是机械手顺序功能图，其对应的步进梯形图如图 3–17 所示。

（3）系统 I/O 接口图，如图 3–18 所示。

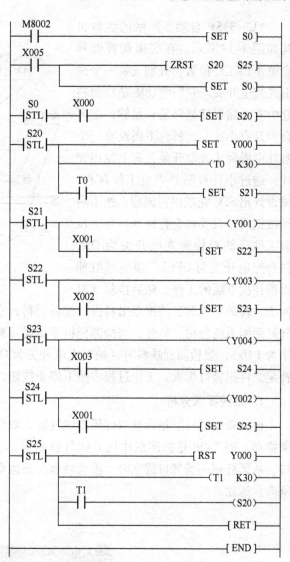

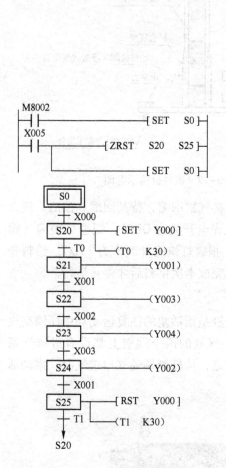

图 3-16 机械手顺序功能图

图 3-17 步进梯形图

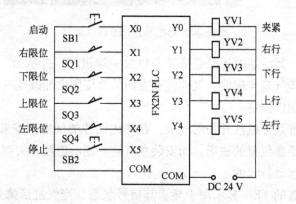

图 3-18 系统 I/O 接口图

YL－335B 自动生产线的供料机构如图3-19所示。在底座和管形料仓第4层工件位置，分别安装一个漫射式光电开关。它们的功能是检测料仓中有无储料或储料是否足够；出料台面开有小孔，出料台下面设有一个圆柱形漫射式光电开关，向上发出光线，透过小孔检测是否有工件存在。试设计出SFC完成供料流程：按下启动按钮后，只要料仓有料且料台上没有工件（缺料检测光电开关为 ON，料台光电开关为 OFF），顶料气缸伸出顶住次下层的工件，然后推料气缸

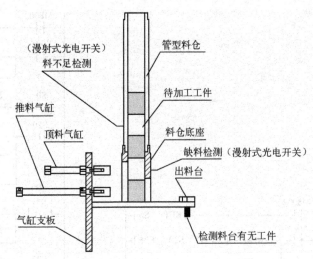

（漫射式光电开关）料不足检测
管型料仓
推料气缸
待加工工件
顶料气缸
料仓底座
缺料检测（漫射式光电开关）
出料台
气缸支板
检测料台有无工件

图 3-19　供料机构示意图

伸出，将最下层的工件推至出料台。推料到料台后，推料气缸回缩，待其回缩到位后，顶料气缸回缩系统复位。另外，当检测到料不足时（料不足光电开关为 OFF），报警灯慢闪（频率为 1 Hz），当检测到缺料时（缺料光电开关为 OFF），报警灯快闪（频率为 2 Hz）。给料仓补足工件报警灯熄灭。工作过程中按下停止按钮，系统完成本次供料后才停止运行。

1. 系统要求分析

机构采用的气缸是标准双作用直线气缸，双作用气缸是指活塞的往复运动均由压缩空气来推动。图3-20是标准双作用直线气缸的半剖面图。气缸的两个端盖上都设有进排气通口，从无杆侧端盖气口进气时，推动活塞向前运动；反之，从杆侧端盖气口进气时，推动活塞向后运动。

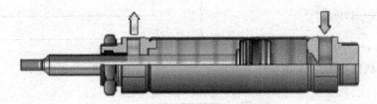

图 3-20　标准双作用直线气缸

顶料或推料气缸，其活塞的运动是依靠向气缸一端进气，并从另一端排气，再反过来，从另一端进气，一端排气来实现的。气体流动方向的改变则由能改变气体流动方向或通断的控制阀即方向控制阀加以控制。

顶料或推料气缸都是带磁性开关的气缸。在非磁性体的活塞上安装的永久磁铁的磁环，提供了一个反映气缸活塞位置的磁场。而安装在气缸外侧的磁性开关则是用来检测气缸活塞位置，即检测活塞的运动行程的。

在磁性开关上设置的 LED 显示用于显示其信号状态，当气缸活塞运动到安装磁性开关的位置时，LED 灯亮，否则 LED 灯不亮。

2. 系统设计

（1）I/O 地址分配。根据控制要求，PLC 的外围输入设备有：启动按钮、停止按钮、料台检测光电开关、料不足检测光电开关、缺料检测光电开关、顶料气缸缩回到位磁性开关、顶料气缸伸出到位磁性开关、推料气缸缩回到位磁性开关、推料气缸伸出到位磁性开关，即需要 9 个输入点；PLC 的外围输出设备有：顶料气缸电磁阀、推料气缸电磁阀和报警指示灯，即需要 3 个输出点。I/O 地址分配如表 3-4 所示。

表 3-4 I/O 地址分配表

类 型	元 件 名 称	地 址	作 用
输入	按钮 SB1	X0	启动
	按钮 SB2	X1	停止
	料台检测光电开关 K1	X2	料台有无料
	料不足检测光电开关 K2	X3	仓管料是否足
	缺料检测光电开关 K3	X4	仓管是否缺料
	顶料气缸缩回到位磁性开关 K4	X5	顶料气缸缩回到位
	顶料气缸伸出到位磁性开关 K5	X6	顶料气缸伸出到位
	推料气缸缩回到位磁性开关 K6	X7	推料气缸缩回到位
	推料气缸伸出到位磁性开关 K7	X10	推料气缸伸出到位
输出	顶料气缸电磁阀 YV1	Y0	控制顶料气缸伸缩
	推料气缸电磁阀 YV2	Y1	控制推料气缸伸缩
	报警指示灯	Y2	料不足/缺料报警

（2）系统 I/O 接口图如图 3-21 所示。

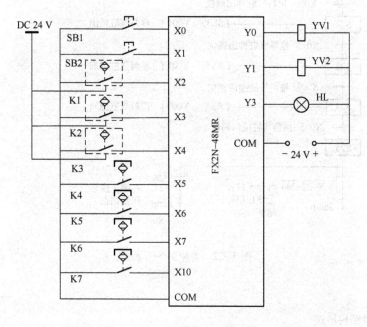

图 3-21 系统 I/O 接口图

（3）系统的 SFC 程序如图 3-22 所示。

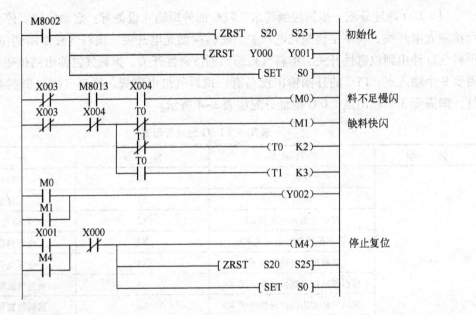

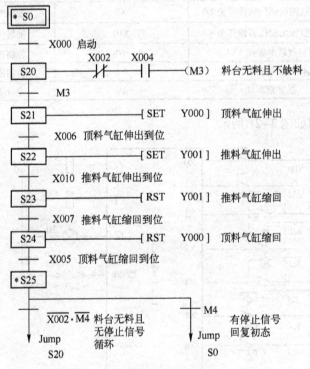

图 3-22　系统的 SFC 程序

 练习题

1. SFC 有几种结构形式?

2. 用什么软元件来代表 SFC 的初始状态？用什么表示 SFC 的工作状态？

3. 在 SFC 的不同状态步中允许出现同名线圈吗？

4. 试用 SFC 完成图 3-23 所示刀架的控制，试画出该系统的 I/O 接口图和 SFC。控制要求如下：

按下 SB2，刀架由 SQ1 位置移动到 SQ2 位置，然后再由 SQ2 位置移动到 SQ1 位置处，停车。（SQ3 和 SQ4 是限位保护）

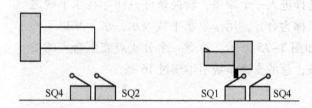

图 3-23　刀架示意图

5. 现有小容量的三相异步电动机 3 台：M1、M2 和 M3，试用 SFC 完成这 3 台电动机的顺序启动和逆序停车，试画出该系统的 I/O 接口图和 SFC 图。控制要求如下：

（1）按下启动按钮 SB1 后，电动机 M1 启动并保持，延时 2 s 后，电动机 M2 启动保持，再延时 3 s 后，M3 启动并保持。

（2）按下停止按钮 SB2 后，M3 立刻停止，延时 3 s 后，M2 停车，再延时 2 s 后，M1 停车。

6. 如何实现洗衣机的洗涤次数的控制，试画出该系统的 I/O 接口图和 SFC。控制要求如下：

按下启动按钮后，洗涤电动机正转 5 s，停 2 s，然后电动机反转 5 s，再停 2 s……如此循环 5 次后，系统自动停止工作。请画出 PLC 的 I/O 接口图及 SFC 图。

7. 在初始状态时小车停在左端（X2 为 ON），按下启动按钮 X0，小车右行（Y0 变为 ON），运行到 X1 所在位置时，暂停 5 s，5 s 后小车左行（Y1 变为 ON），回到 X2 所在的初始位置，系统回到初始状态。试用单序列的 SFC 完成上述控制要求，请画出 I/O 接口图和 SFC 图。

任务二　大小球工件的分捡控制

任务导入

利用选择序列 SFC 实现生产线上大小球工件的分捡控制，如图 3-24 所示。左移、右移分别由 Y3、Y2 控制，上升、下降分别由 Y0、Y1 控制，将球吸住由 Y4 控制。

X1 位置为原点，闭合启动开关后，机械臂下降至 X5 闭合（当磁铁压着的是大球时，限位开关 X6 断开，而压着的是小球时 X6 接通，以此可判断是大球还是小球），将球吸住（需 2 s）→上升至 X4 闭合→若为大球右行至 X2 闭合（若为小球则右行至 X3 闭合）→下降至 X5 闭合→释放球（需 2 s）→上升至 X4 闭合→左移至 X1 闭合（原点）→延时 2 s 后，重复上述步骤。

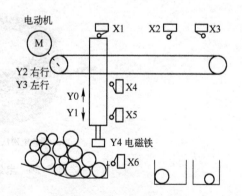

图 3-24　大小球分拣示意图

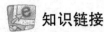

知识链接

一、选择序列 SFC

选择序列 SFC，是指某一步后有若干个单一顺序等待选择称为分支，一般只允许选择进入一个顺序，转换条件只能标在水平线之下。选择序列的结束称为合并，用一条水平线表示，水平线以下不允许有转换条件。如图 3-25 所示。注意一个分支点或汇合点的支路条数不得超过 8 条，总的支路条数不得超过 16 条。

图 3-25　选择序列 SFC

二、电磁铁

电磁铁，是一种通电产生电磁的装置。在铁心的外部缠绕与其功率相匹配的导电绕组，通有电流的线圈就像磁铁一样具有磁性。通常把它制成条形或蹄形状，以使铁心更加容易磁化。另外，为了使电磁铁断电立即消磁，往往采用消磁较快的软铁或硅钢材料来制作。这样的电磁铁在通电时有磁性，断电后磁就随之消失。电磁铁在日常生活中有着极其广泛的应用。电磁铁具有磁性的强弱可以改变、磁性的有无可以控制、磁极的方向可以改变等许多优点。

电磁铁可以分为直流电磁铁和交流电磁铁两大类。如果按照用途来划分，电磁铁主要可分成以下五种：

（1）牵引电磁铁。主要用来牵引机械装置、开启或关闭各种阀门，以执行自动控制任务。

（2）起重电磁铁。用作起重装置来吊运钢锭、钢材、铁砂等铁磁性材料。

（3）制动电磁铁。主要用于对电动机进行制动以达到准确停车的目的。

（4）自动电器的电磁系统。例如电磁继电器和接触器的电磁系统、自动开关的电磁脱扣器及操作电磁铁等。

（5）其他用途的电磁铁。如磨床的电磁吸盘以及电磁振动器等。

本次设计中用到的是吸盘式电磁铁，其实物图和图形符号如图 3-26 所示。

（a）吸盘电磁铁实物图　　　（b）图形符号

图 3-26　电磁铁的实物图和图形符号

三、气缸

气缸是一种引导活塞在其中进行直线往复运动的圆筒形金属机件。气缸由缸筒、端盖、活塞、活塞杆和密封件组成。气缸的作用是将压缩空气的压力能转换为机械能，驱动机构作直线往复运动、摆动和旋转运动。气缸可分为直线运动的直线气缸、摆动运动的摆动气缸、气爪等，如图 3-27 所示。

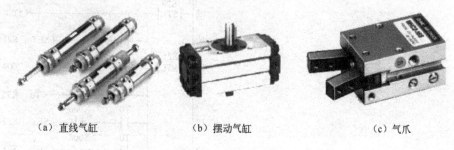

| (a) 直线气缸 | (b) 摆动气缸 | (c) 气爪 |

图 3-27　气缸实物图

 任务实施

一、控制要求分析

根据控制要求，可知该系统的输入设备有：1 个开关、7 个行程开关；输出设备有：4 个电磁阀，1 个电磁铁。

二、系统设计

（1）系统 I/O 地址分配。根据分析结果，对输入设备（8 个）和输出设备（5 个）进行地址分配，I/O 地址分配如表 3-5 所示。

表 3-5　I/O 地址分配表

类　型	元 件 名 称	地　址	作　用
输入	开关 SK	X0	启动开关
	行程开关 SQ1	X1	左限位
	行程开关 SQ2	X2	大球右限位
	行程开关 SQ3	X3	小球右限位
	行程开关 SQ4	X4	上限位
	行程开关 SQ5	X5	下限位
	行程开关 SQ6	X6	分捡限位
输出	电磁阀 YV1	Y0	上升
	电磁阀 YV2	Y1	下降
	电磁阀 YV3	Y2	右行
	电磁阀 YV4	Y3	左行
	电磁铁 YH	Y4	吸球

（2）系统程序。根据 I/O 地址分配和控制要求，编写 PLC 程序，图 3-28 所示的是 SFC 程序，图 3-29 所示的是该 SFC 对应的步进梯形图。

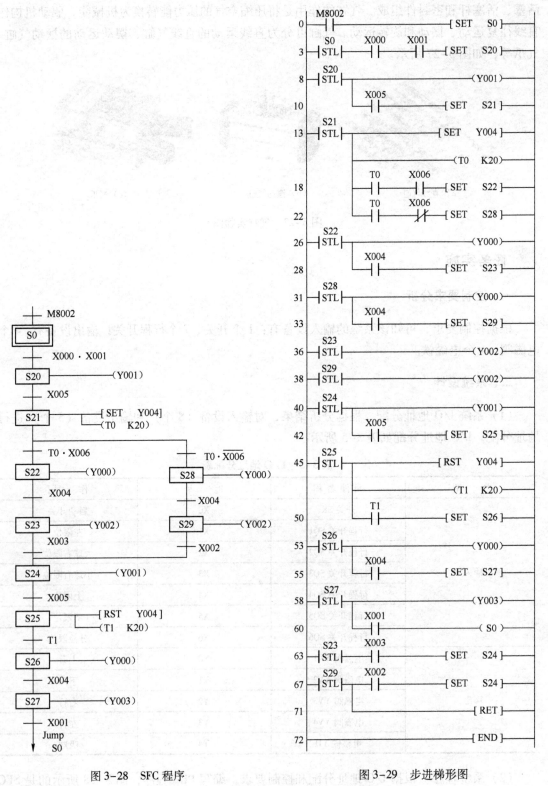

图 3-28　SFC 程序　　　　　　　　　　图 3-29　步进梯形图

（3）系统 I/O 接线图，如图 3-30 所示。

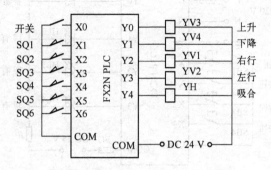

图 3-30　系统 I/O 接线图

 知识拓展

一、抢答器控制

抢答器控制要求：A、B、C 三人各有一个抢答按钮和一个指示灯，谁先按下抢答按钮，谁取得抢答权，谁的指示灯亮；答题时间为 30 s，30 s 后，报警指示灯亮，主持人按下复位按钮，系统回到初始状态，等待下一轮抢答。试用选择序列的 SFC 完成上述控制要求，请画出 I/O 接口图和 SFC。

1. 控制要求分析

为了用 PLC 控制器来实现任务，PLC 需要 4 个输入点，4 个输出点，I/O 地址分配如表 3-6 所示。

表 3-6　I/O 地址分配表

类　型	元 件 名 称	地　址	作　用
输入	按钮 SB1	X0	复位按钮
	按钮 SB2	X1	1#抢答按钮
	按钮 SB3	X2	2#抢答按钮
	按钮 SB4	X3	3#抢答按钮
输出	答题时间到报警灯 HL1	Y0	驱动 HL1
	1#有抢答权指示灯 HL2	Y1	驱动 HL2
	2#有抢答权指示灯 HL2	Y2	驱动 HL3
	3#有抢答权指示灯 HL2	Y3	驱动 HL4

2. 系统设计

根据 I/O 地址分配表，完成 PLC 的外围接线如图 3-31 所示。

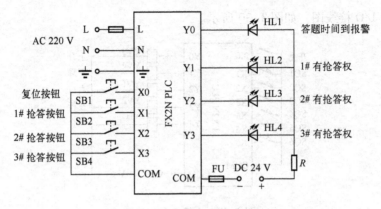

图 3-31　PLC 的外围接线

3. SFC 程序

系统的 SFC 程序如图 3-32 所示。

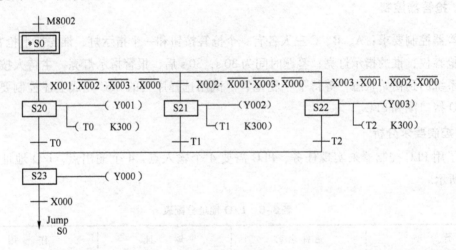

图 3-32　SFC 程序

二、自动生产线装配单元落料控制

YL-335B 自动生产线装配单位的落料机构如图 3-33 所示。具体的控制要求如下：

初始状态：挡料气缸伸出、顶料气缸缩回、仓管有料、回转气缸处于左限位；按下启动按钮后，如果左盘无料则执行落料：顶料气缸伸出，到位后，挡料气缸缩回，落料，如果左盘有料，而右盘无料则先执行回转动作，然后再执行落料；仓管料不足，报警灯慢闪（频率为 1 Hz）；缺料则快闪（2 Hz）；工作

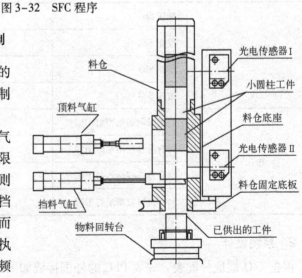

图 3-33　落料机构示意图

过程中按下停止按钮，完成本次落料任务后才停止。

1. 控制要求分析

采用的顶料气缸、挡料气缸和回转气缸均带有电磁开关、均由电磁阀控制。仓管安装2个光电开关用于检测仓管中是否有工件；回转台左右两盘均有光电开关检测是否有工件在盘中；回转台的回转动作由回转气缸控制左转和右转。

2. 系统设计

（1）系统I/O地址分配。根据控制要求，PLC的外围输入设备有：启动按钮、停止按钮、料不足检测光电开关、缺料检测光电开关、左盘检测光电开关、右盘检测光电开关、顶料气缸缩回到位磁性开关、顶料气缸伸出到位磁性开关、挡料气缸缩回到位磁性开关、挡料料气缸伸出到位磁性开关，回转气缸左限位电磁开关、回转气缸右限位电磁开关，即需要12个输入点；PLC的外围输出设备有：顶料气缸电磁阀、挡料气缸电磁阀、回转气缸电磁阀和报警指示灯，即需要4个输出点。I/O地址分配如表3-7所示。

表3-7 输入输出点分配表

类 型	元 件 名 称	地 址	作 用
输入	按钮SB1	X0	启动
	按钮SB2	X1	停止
	料不足检测光电开关K1	X2	仓管料是否足
	缺料检测光电开关K2	X3	仓管是否缺料
	左盘检测光电开关K3	X4	左盘是否有料
	右盘检测光电开关K4	X5	右盘是否有料
	顶料气缸缩回到位磁性开关K5	X6	顶料气缸缩回到位
	顶料气缸伸出到位磁性开关K6	X7	顶料气缸伸出到位
	挡料气缸缩回到位磁性开关K7	X10	推料气缸缩回到位
	挡料气缸伸出到位磁性开关K8	X11	推料气缸伸出到位
	回转气缸左限位电磁开关K9	X12	回转气缸左转到位
	回转气缸右限位电磁开关K10	X13	回转气缸右转到位
输出	顶料气缸电磁阀YV1	Y0	控制顶料气缸伸缩
	挡料气缸电磁阀YV2	Y1	控制挡料气缸伸缩
	回转气缸电磁阀YV3	Y2	控制回转气缸回转
	报警指示灯	Y3	料不足/缺料报警

（2）系统的SFC程序如图3-34所示。

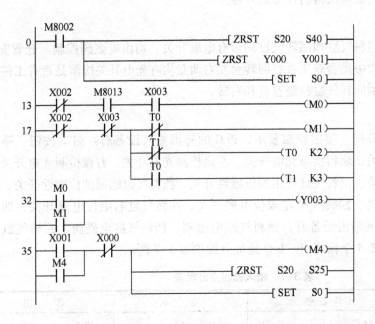

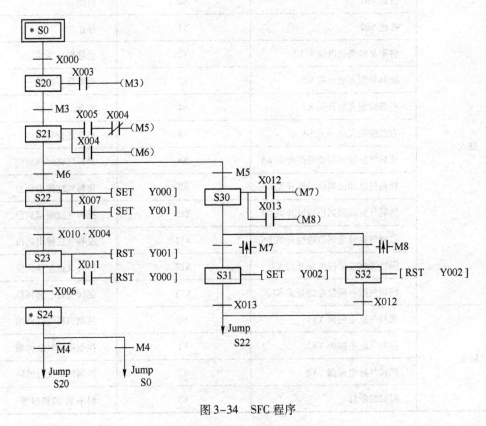

图 3-34 SFC 程序

（3）系统 I/O 接口图如图 3-35 所示。

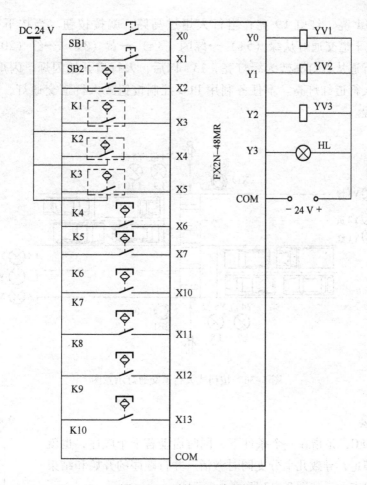

图 3-35 系统 I/O 接口图

 练习题

1. 试利用 PLC 实现 YL-335B 装配单位的装配控制，具体要求如下：

按下启动按钮后，只要右盘有料（右盘光电开关为 ON）且装配台上有待加工的工件（装配台光电开关为 ON），执行装配：机械手下行，气爪夹紧工件，机械手臂伸到装配台上方，然后机械手下行，小工件嵌入大工件中，气爪松开，之后机械手上行，手臂缩回，完成装配工作。

工作过程中，按下停止按钮，需待本次装配任务完成之后才停止。

2. 试用选择序列的 SFC 完成如下控制要求：按下按钮 SB1，可运行一个加糖周期，然后可通过按按钮 SB2、SB3、SB4 选择"不加糖"、"加 1 份糖"、"加 2 份糖"，加糖完毕后，系统回到初始状态。（假使按 SB2 时，不开阀门；按 SB3 时，阀门开 2 s；按 SB4 时，阀门开 4 s），请画出 I/O 接口图和 SFC。

任务三 按钮式人行道交通灯控制

 任务导入

在道路交通管理上有许多按钮式人行道交通灯，如图 3-36 所示，正常情况下，汽车通行，即绿灯 L1 亮，红灯 L9 亮；当行人想过马路，就按按钮。当按下按钮 SB1（或 SB2）之后，主干道交通灯从绿（5 s）→绿闪（3 s）→黄（3 s）→红（20 s），当主干道红灯亮时，人行道从红灯亮转为绿灯亮，15 s 以后，人行道开始闪烁，闪烁 5 s 后转入主干道绿灯亮，人行道红灯亮。本任务利用 PLC 控制按钮式人行道交通灯，用并行序列的顺序功能图编程。

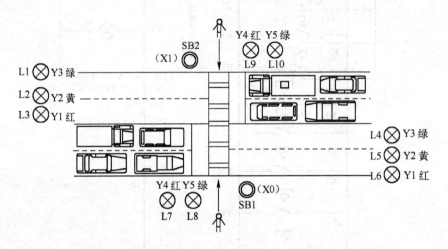

图 3-36　按钮式人行道交通灯示意图

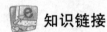 **知识链接**

并行序列 SFC，是指在一个条件下，同时启动若干个顺序，也就是说转移条件满足，导致几个分支同时激活。并行顺序的开始和结束都是用双水平线表示。如图 3-37 所示。

注意一个分支点或汇合点的支路条数不得超过 8 条，总的支路条数不得超过 16 条。

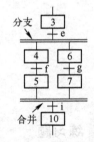

图 3-37　并行序列 SFC

任务实施

一、I/O 地址分配

为了用 PLC 控制器来实现任务，PLC 需要 2 个输入点，5 个输出点，I/O 地址分配如表 3-8 所示。

表 3-8　I/O 地址分配表

类　型	元件名称	地　址	作　用
输入	按钮 SB1	X0	过人行道信号 1
	按钮 SB2	X1	过人行道信号 2
输出	主干道红灯 L3 和 L6	Y1	驱动主干道红灯
	主干道黄灯 L2 和 L5	Y2	驱动主干道黄灯
	主干道绿灯 L1 和 L4	Y3	驱动主干道绿灯

类　型	元件名称	地　址	作　用
输出	人行道红灯 L7 和 L9	Y4	驱动人行道红灯
	人行道绿灯 L8 和 L10	Y5	驱动人行道绿灯

二、画时序图及顺序功能图

由提出的任务画出时序图，如图 3-38 所示。

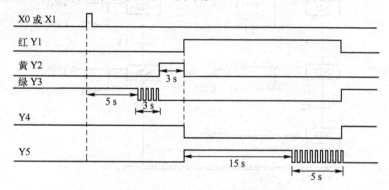

图 3-38　按钮式人行道交通灯时序图

主干道的一个工作周期分为 4 步，分别为绿灯亮、绿灯闪烁、黄灯亮和红灯亮，用 M1 ～ M4 表示。人行道的一个工作周期分为 3 步，分别为红灯亮、绿灯亮和绿灯闪烁，用 M5 ～ M7 表示。再加上初始步 M0，一共有 8 步构成。各按钮和定时器提供的信号是各步之间的转换条件，由此画出顺序功能图如图 3-39 所示。

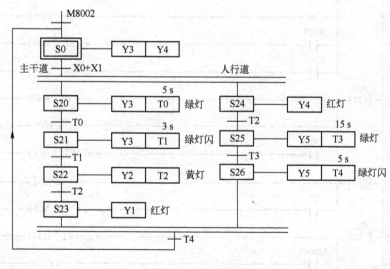

图 3-39　控制程序

根据 I/O 地址分配和图 3-39，完成系统控制程序的编写。图 3-40 所示的是 SFC 程序，图 3-41 所示的是该 SFC 对应的步进梯形图。

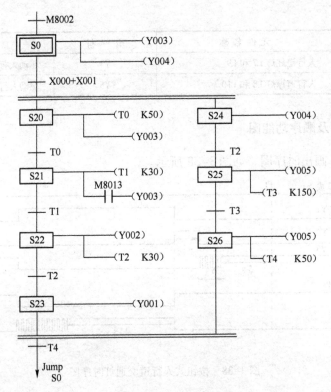

图 3-40 SFC 程序

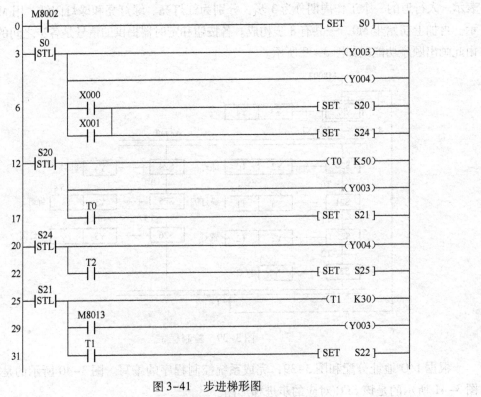

图 3-41 步进梯形图

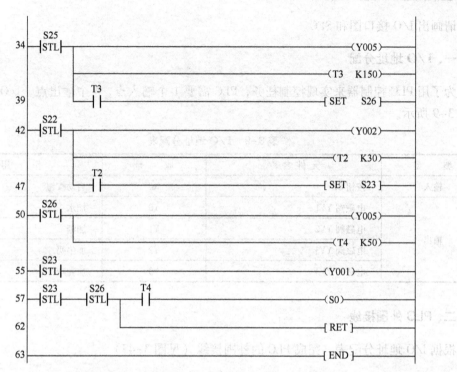

图 3-41 步进梯形图（续）

三、PLC 外围接线

根据 I/O 地址分配表，完成 PLC 的外围接线，如图 3-42 所示。

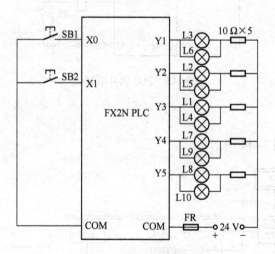

图 3-42 PLC 的外围接线

 知识拓展

试用并行序列的 SFC 完成如下控制要求：现有咖啡机 1 台，按下启动按钮，同时加入热水、糖、牛奶、咖啡 4 种物料，其中加热水的时间为 1 s，其他为 2 s。加完，返回初始状态。请画出 I/O 接口图和 SFC。

一、I/O 地址分配

为了用 PLC 控制器来实现控制任务，PLC 需要 1 个输入点，4 个输出点，I/O 地址分配如表 3-9 所示。

表 3-9 I/O 地址分配表

类　型	元 件 名 称	地　址	作　用
输入	按钮 SB	X0	启动按钮
输出	电磁阀 YV1	Y0	加水
	电磁阀 YV2	Y1	加糖
	电磁阀 YV3	Y2	加牛奶
	电磁阀 YV4	Y3	加咖啡

二、PLC 外围接线

根据 I/O 地址分配表，完成 PLC 的外围接线（见图 3-43）

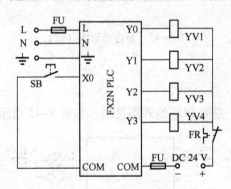

图 3-43 PLC 的外围接线

三、SFC 程序

系统 SFC 程序如图 3-44 所示。

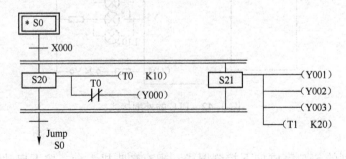

图 3-44 SFC 程序

四、步进梯形图

系统SFC对应的步进梯形图如图3-45所示。

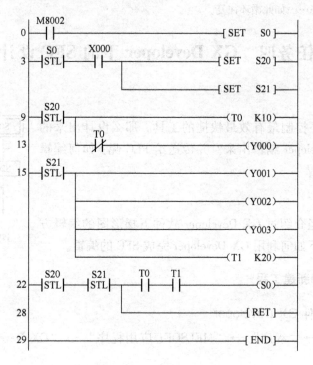

图3-45 步进梯形图

练习题

该广告屏共有8根灯管,24只流水灯,每4只灯为一组,如图3-46所示:

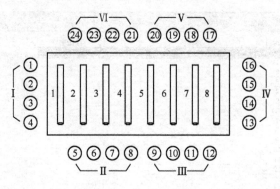

图3-46 广告屏示意图

控制要求:

(1)该广告屏中间8根灯管亮灭的时序为:1→2→3→…→8,时间间隔为1 s,全亮后,显示10 s,再反过来从8→7→…→1按1 s间隔顺序熄灭,全灭后停亮2 s;再从第8根开始亮,顺序点亮7→6→…→1,时间间隔1 s,显示5 s,再从1→2→…→8按1 s间隔顺序熄灭,全灭后停亮2 s,然后重复运行，周而复始。

（2）24 只流水灯，4 个一组分成 6 组，从 Ⅰ→Ⅱ→…→Ⅵ按 1 s 时间间隔依次向前移动，且点亮时每相隔 1 灯为亮，即从 Ⅰ亮→Ⅱ亮，→Ⅲ亮，同时 Ⅰ灭……如此移动一段时间（如 12 s）后，再反过来移动一段时间：Ⅵ亮→Ⅴ亮……如此循环往复。

任务四　GX Developer 下的 SFC 设计

 任务导入

　　SFC 设计是顺序控制最有效最快捷的工具。那么设计出来的 SFC 如何用 GX Developer 编辑出来？并传送给 PLC 呢？如何编辑图 3-47 所示的 SFC？

 知识链接

　　在项目一中已经介绍过 GX Developer 软件下梯形图的编辑方法，在这里介绍一下如何利用 GX Developer 完成 SFC 的编辑。

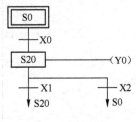

图 3-47　SFC 程序

一、启动 GX 和新建工程

1. 启动编程软件 GX Developer

　　单击"开始"→"程序"→"MELSOFT 应用程序"→"GX Developer"，即进入 GX 开发环境。

2. 建立新工程

　　单击 □ 按钮，新建一个工程，根据实际使用的 PLC 选择匹配的 PLC 系列和类型，之后进入图 3-48 所示的 SFC 的列表界面。

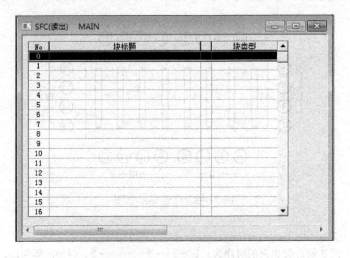

图 3-48　SFC 的列表界面

二、SFC 的编辑

1. 编辑 SFC 的初始梯形图段

双击"0"行，在弹出的对话框中选中"梯形图块"项，然后单击"执行"键。在出现的梯形图界面中输入梯形图程序段（见图 3-49），之后按【F4】完成程序段的转换。关闭该对话框，即回到 SFC 列表界面。

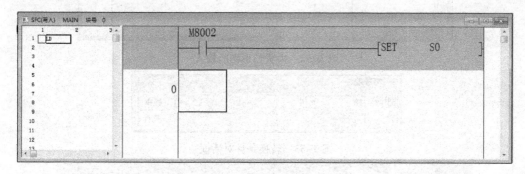

图 3-49　初始梯形图段

2. 编辑 SFC 的各个状态步

双击"1"行，在弹出的对话框中选中"SFC 块"项，然后单击"执行"键。

可单击图 3-50 所示工具条上相应的图形工具，完成 SFC 的编辑。

图 3-50　工具条

（1）单击 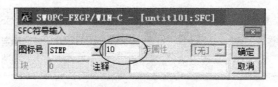 按钮可得到一个状态步，默认 10（S10）开始，可根据实际修改组件号（见图 3-51）。

图 3-51　状态步对话框

可以在右侧出现的梯形图编辑区中输入相应的输出内容（见图 3-52），按【F4】转换即可完成状态步的编辑。

（2）单击 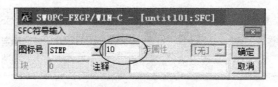 按钮，可得到一个转换条件，不需要修改对话框参数，选择默认值就可以了（见图 3-53）。

可以在右侧出现的梯形图编辑区中输入相应的转换条件（见图 3-54），按【F4】转换即可完成转换条件的编辑。

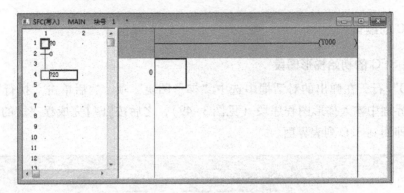

图 3-52　内置梯形图的输入

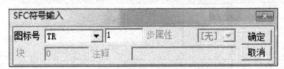

图 3-53　转换条件对话框

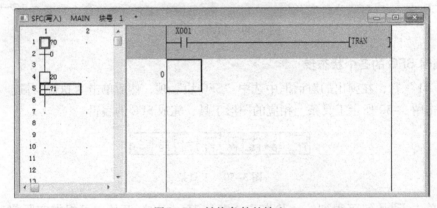

图 3-54　转换条件的输入

（3）单击 按钮或按【F8】，输入跳转的方向，即输入状态组件号（见图 3-55）。

图 3-55　跳转方向对话框

（4）单击 按钮或按【F6】，可得到一个选择分支点（见图 3-56）。

三、SFC 的转换

光标定于空白处，单击"变换"菜单，选择"变换（编辑中所有程序）（A）"命令即可将 SFC 转换成梯形图（见图 3-57）。

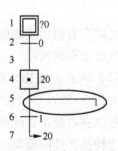

图 3-56　分支点的生成

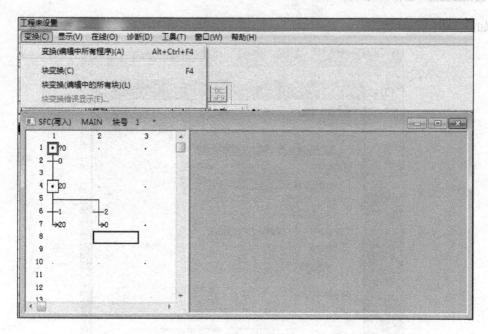

图 3-57 SFC 的整体转换

四、SFC 和对应梯形图的切换显示

双击"程序",再右击 MAIN 选项,在弹出的快捷菜单中选择"改变程序类型(P)"选项(见图 3-58),如果想显示梯形图,则在出现的对话框中选中"梯形图"选项(见图 3-59),反之,如果想显示 SFC,选中 SFC 选项。然后单击"确认"按钮。然后,双击 MAIN 选项即可看到 SFC 或其对应的梯形图程序。

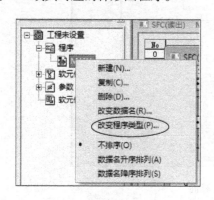

图 3-58 切换显示操作

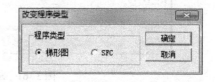

图 3-59 SFC 与梯形图的切换显示对话框

 任务实施

一、启动 GX 和新建工程

利用 GX Developer 编辑图 3-47 所示的 SFC,新建工程步骤如图 3-60 所示,操作完毕后

出现如图 3-61 所示的界面。

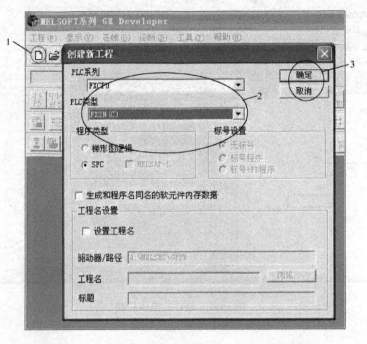

图 3-60　新建工程

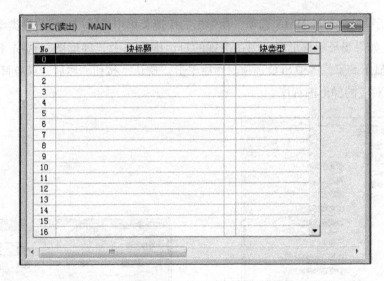

图 3-61　SFC 列表界面

二、编辑 SFC

1. 编辑 SFC 的初始梯形图段

双击"0"行，在弹出的对话框中选中"梯形图块"项（见图 3-62），然后单击"执行"按钮。在出现的梯形图界面中输入梯形图程序段（见图 3-63），之后按【F4】完成程序段的转换。关闭该对话框，即回到 SFC 列表界面。

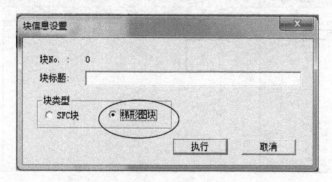

图 3-62　块信息设置

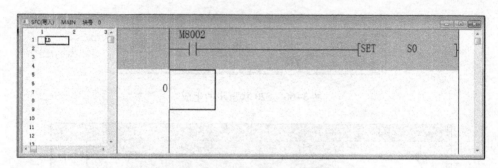

图 3-63　初始梯形图程序段

2. 编辑 SFC 的各个状态步

双击"1"行，在弹出的对话框中选中"SFC 块"项（见图 3-64），然后单击"执行"按钮。完成块 1 的定义。

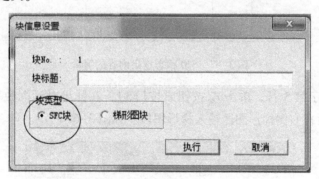

图 3-64　块信息设置

（1）光标定位在"? 0"，在其右侧的梯形图编辑区输入转换条件（见图 3-65），再按【F4】转换。

（2）光标定位于第 4 行，按【F5】或单击 按钮，在弹出的对话框中修改状态组件的标号，即将 10 改成 20（见图 3-66），再单击"确定"按钮。然后在右侧梯形图区输入梯形图段。如图 3-67 所示。

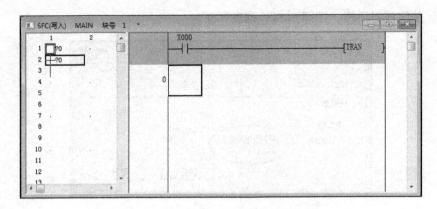

图 3-65　状态 0 的转换条件输入

图 3-66　S20 状态步的生成

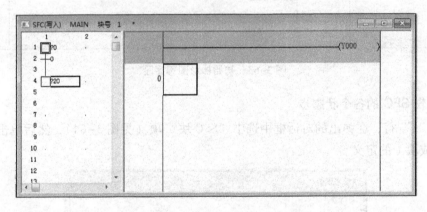

图 3-67　S20 状态输出内容的编辑

（3）光标定位于第 5 行，单击 按钮或按【F5】，在弹出对话框中单击"确定"按钮（见图 3-68）。然后在右侧梯形图区输入梯形图段。如图 3-69 所示。

图 3-68　转换条件对话框

（4）光标定位于第 7 行，单击 按钮或按【F8】，输入 20。再单击"确定"按钮（见图 3-70）。

（5）光标定位于第 5 行，单击 按钮或按【F6】，得到一个分支。光标定位于分支列的第 6 行（图 3-71），按【F5】获得一个转换条件，并给其输入转换条件，如图 3-72 所示。

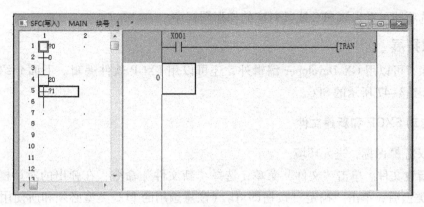

图3-69 S20转换条件的输入

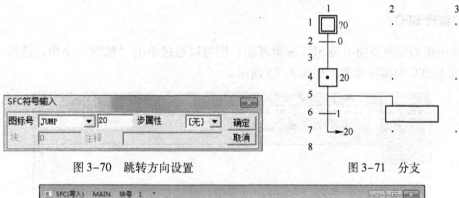

图3-70 跳转方向设置

图3-71 分支

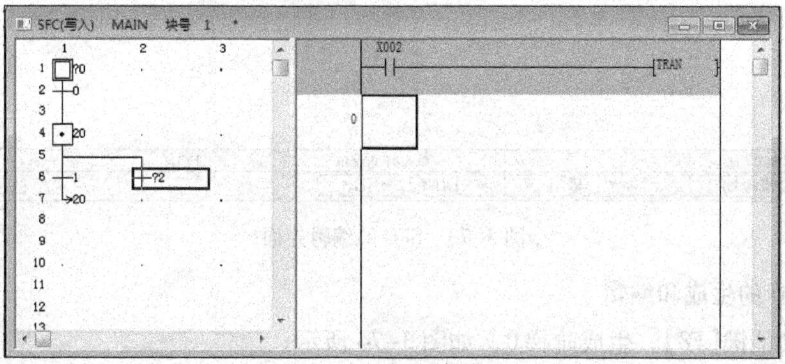

图3-72 分支跳转条件输入

（6）光标定位于分支列的第7行，单击 📝 或按F8，输入0。再单击"确定"键。

三、SFC的转换

光标定于空白处，单击"变换"菜单，选择"变换（编辑中所有程序）（A）"命令即可将SFC转换成梯形图（见图3-57）。

四、SFC和对应梯形图的切换显示

双击"程序"选项，再右击MAIN选项，在弹出的快捷菜单中选择"改变程序类型（P）"选项，在出现的对话框中选中"梯形图"选项，然后单击"确认"按钮。然后，双

击 MAIN 选项即可看到该 SFC 或其对应的梯形图程序。

 知识拓展

SFC 除了可以用 GX Developer 编辑外，还可以用 FXGP 软件编辑。下面介绍如何利用
FXGP 编辑图 3-47 所示的 SFC。

一、启动 FXGP 和新建文件

（1）双击 图标，进入环境。

（2）新建文件。单击"文件"菜单，选择"新文件"命令，在弹出的对话框中选择对
应的 PLC 类型后，单击"确定"按钮即可。（注意选用的 PLC 类型必须和所使用的 PLC 型
号保持一致）

二、编辑 SFC

如果出现的编辑界面不是 SFC 编辑界面，则可以通过单击"视图"菜单，选择"SFC"
命令，进入 SFC 的编辑界面，如图 3-73 所示。

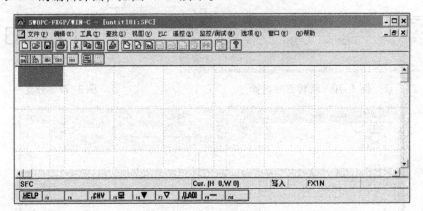

图 3-73　SFC 的编辑界面

1. 阶梯 0 的生成和编辑

（1）按功能键【F8】，生成阶梯 0，如图 3-74 所示。

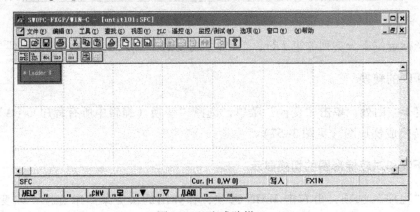

图 3-74　生成阶梯 0

（2）阶梯0的编辑。单击"视图"菜单，选择"内置梯形图"命令或按【Ctrl + L】，可进入阶梯0的编辑界面。编辑梯形图并转换（编辑梯形图和转换的方法与之前介绍的相同），出现如图3-75所示的状态。单击"视图"菜单，选择"SFC"命令或按【Ctrl + L】，可回到SFC的编辑界面。

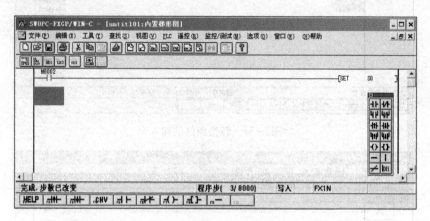

图3-75　阶梯0内置梯形图的输入

2. 初始状态步的生成和编辑

（1）初始状态步的生成。按功能键【F5】，可生成状态步，双击该状态步（方框部分），输入状态组件后按【Enter】键，即可完成状态名称的编辑（见图3-76）。

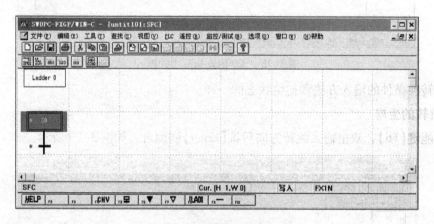

图3-76　初始状态步的生成

（2）转换条件的输入。选中横线" + "，切换至内置梯形图，在原有的图形上添加转换条件后转换，即出现如图3-77所示的状态。再切换至SFC界面。

3. 工作状态步的生成和编辑

（1）状态步的生成。按功能键【F5】，可生成状态步，双击该状态步（方框部分），输入状态组件后按【Enter】键，即可完成状态名称的编辑。（方法与生成初始状态步一样）

（2）状态步内容编辑。选中状态步（方框部分），切换至内置梯形图，完成梯形图编辑并转换（见图3-78），之后切换回SFC界面。

图 3-77　转换条件的输入

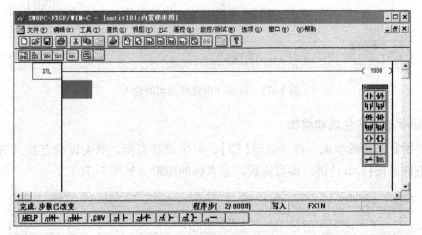

图 3-78　S20 内置梯形图的输入

（3）转换条件的输入方法和初始状态的一样。

4. 跳转的生成

按功能键【F6】，双击输入跳转方向后按【Enter】键即可，如图 3-79 所示。

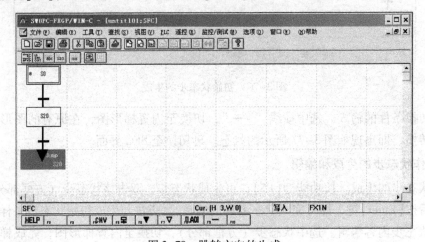

图 3-79　跳转方向的生成

5. 分支的生成

光标定在转换条件（横线）之上，按功能键【Shift + F6】，即可出现图 3-80 所示的分支。输入分支的转换条件和跳转方向后，即可得到图 3-81 所示的图形。

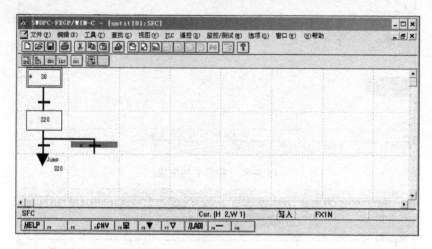

图 3-80　分支转换条件输入

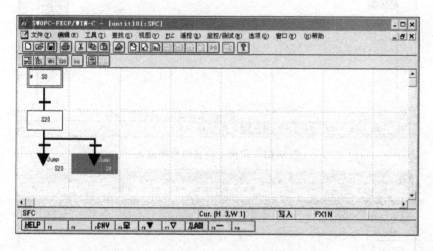

图 3-81　分支跳转方向生成

6. 阶梯 1 的生成和编辑

阶梯 1 的生成和阶梯 0 的生成一样，按【F8】即可得到（见图 3-82）。在内置梯形图中输入 END，转换，切换回到 SFC 界面（见图 3-83）。

三、程序转换

到此整个 SFC 的编辑工作结束，但是这样的 SFC，PLC 并不能识别，还要对其进行整体转换。方法是光标定在空白处，按【F4】键或单击"工具"菜单，选择"转换"命令（见图 3-84），如果 SFC 有错，会有提示对话框出现，如果无错，则一闪而过。

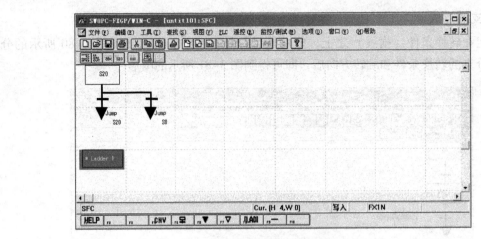

图 3-82　阶梯 1 的生成

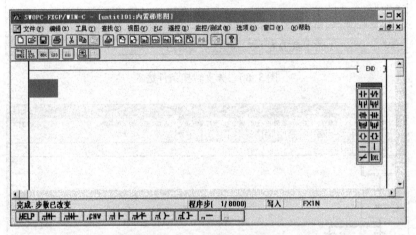

图 3-83　阶梯 1 内置梯形图输入

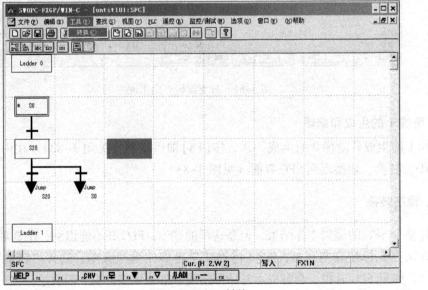

图 3-84　SFC 转换

四、步进梯形图与 SFC 界面的切换

整体转换完成后，可单击"视图"菜单，选择"梯形图"和"SFC"命令，完成 SFC 和其对应的梯形图之间的切换显示。如图 3-85 和图 3-86 所示。

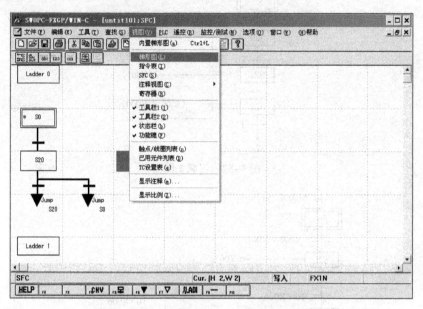

图 3-85　切换显示步进梯形图的操作

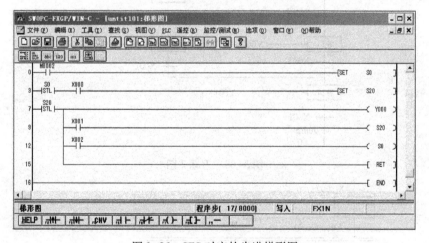

图 3-86　SFC 对应的步进梯形图

 练习题

1. 试利用 GX Developer 或 FXGP 软件画出图 3-87 所示的单序列 SFC，并转换得到其对应的步进梯形图。

2. 试利用 GX 或 FXGP 软件画出图 3-88 所示的选择序列 SFC，并转换得到其对应的步进梯形图。

3. 试利用 GX Developer 或 FXGP 软件画出图 3-89 所示的并行序列 SFC，并转换得到其对应的步进梯形图。

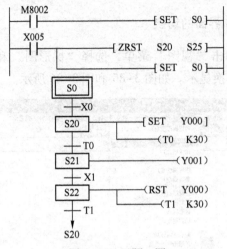

图 3-87　习题 1 图

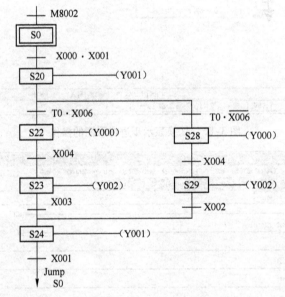

图 3-88　习题 2 图

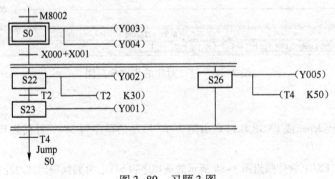

图 3-89　习题 3 图

项目四 FX 系列 PLC 功能指令的应用

学习目标

- 熟练掌握三菱 PLC 的常用功能指令。
- 能够编制带功能指令的程序，解决中等复杂程度的实际控制问题。

任务一　CMP/ZCP 指令的应用

任务导入

试用 PLC 的 CMP/ZCP 指令编写变频空调控制室温的梯形图。具体要求如下：采集的当前室温存放于数据寄存器 D0。启动空调（X000 为 ON）后，Y002 驱动电扇工作，当室温低于设定值（由拨码开关设定）时，只驱动 Y002 使电扇继续工作；当室温高于设定值时，Y001 接通并驱动空调制冷。关闭空调（X000 为 OFF）Y001、Y002 均失电复位。

知识链接

一、拨码开关

拨码开关在 PLC 控制系统中常常用到，拨码开关有两种，一种是 BCD 码拨码开关，即从 0～9，输出为 8421 BCD 码。另一种是十六进制的拨码开关，即从 0～F，输出为二进制码。图 4-1 和图 4-2 所示的均为 BCD 码的拨码开关。

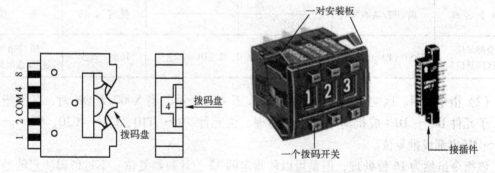

图 4-1　一位拨码开关的示意图　　　　图 4-2　3 位拨码开关实物图

拨码开关可以分别进行数据变更，直观明了。如控制系统中需要经常修改数据，可使用 4 位拨码开关组成一组拨码器与 PLC 相连，其接口电路如图 4-3 所示。

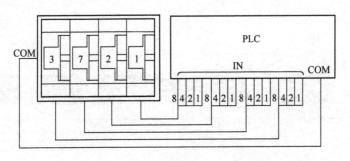

图 4-3 PLC 与拨码盘的一种接法

二、相关指令

1. 二进制数变换指令（BIN）

该指令的名称、助记符/功能号、操作数及程序步长如表 4-1 所示。

表 4-1 BIN 指令

指令名称	助记符/功能号	操作数		程序步长	备注
		[S.]	[D.]		
二进制数变换	（D）BIN（P）/FNC19	KnX、KnY、KnM、KnS、T、C、D、V、Z	KnY、KnM、KnS、T、C、D、V、Z	16 位：5 步 32 位：9 步	16/32 位指令 脉冲/连续执行

BIN 指令的使用如图 4-4 所示。当 X000 为 ON 时，将源元件 K2X000 中 BCD 码转换成二进制数送到目标元件 D10 中。

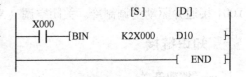

图 4-4 指令说明

2. ZRST 指令

（1）指令格式。该指令的名称、助记符/功能号、操作数及程序步长如表 4-2 所示。

表 4-2 CMP 指令

指令名称	助记符/功能号	操作数		程序步长	备注
		[D1.]	[D2.]		
全部复位（区间复位）	ZRST（P）/FNC40	Y、M、S、T、C、D（D1≤D2）		16 位：5 步	16 位指令 脉冲/连续执行

（2）指令说明。区间复位指令功能说明如图 4-5 所示。当 X000 为 ON 时，区间指令执行，子元件 D0 ～ D10 成批清零复位，同理，位元件 T0 ～ T10、C0 ～ C20、S0 ～ S200、M0 ～ M5 也都成批复位。

该指令虽然为 16 位处理，但是可以使指定的 32 位计数器复位。不过值得注意的是不可混合指定，即 [D1.] 和 [D2.] 必须都是 32 位的计数器。

3. CMP 指令

（1）指令格式。该指令的名称、助记符/功能号、操作数及程序步长如表 4-3 所示。

X000
ZRST D0 D10
ZRST T0 T10
ZRST C0 C20
ZRST S0 S200
ZRST M0 M5

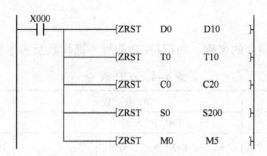

图 4-5　ZRST 指令说明

表 4-3　CMP 指令

指 令 名 称	助记符/功能号	操 作 数		程 序 步 长	备 注
		［S1.］［S2.］	［D.］		
比较	（D）CMP（P）/FNC10	K、H、KnX、KnY、KnM、KnS、T、C、D、V、Z	Y、M、S	16 位：7 步 32 位：13 步	16/32 位指令 脉冲/连续执行

（2）指令说明。比较指令 CMP 是比较两个源操作数［S1.］和［S2.］的代数值大小，结果送到目标操作数［D.］～［D. +2］中。CMP 指令的说明如图 4-6 所示。使用 CMP 指令时应注意以下三点：

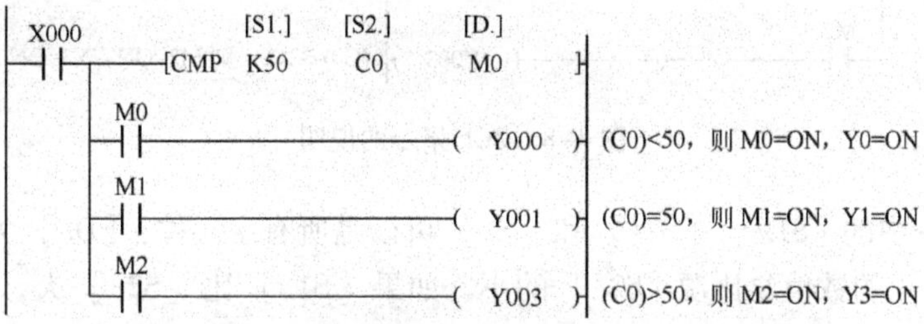

X000
[S1.] [S2.] [D.]
CMP K50 C0 M0
M0
Y000
(C0)<50，则 M0=ON，Y0=ON
M1
Y001
(C0)=50，则 M1=ON，Y1=ON
M2
Y003
(C0)>50，则 M2=ON，Y3=ON

图 4-6　CMP 指令说明

① CMP 指令中的［S1.］和［S2.］可以是所有字元件，［D.］为 Y、M、S。

② 当比较指令的操作数不完整（若只指定一个或两个操作数），或者指定的操作数不符合要求（例如把 X、D、T、C 指定为目标操作数），或者指定的操作数的元件号超出了允许范围等情况，用比较指令就会出错。

③ 如要清除比较结果，要采用 RST 复位指令，如图 4-7 所示。在不执行指令，需清除比较结果时，也要用 RST 或 ZRST 复位指令。

X000
RST M0
RST M1
RST M2
END
X000
ZRST M0 M2
END

（a）方案 1　　（b）方案 2

图 4-7　比较指令清除比较结果

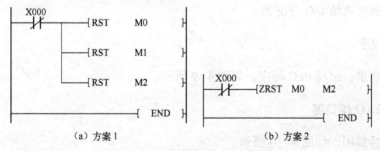

4. ZCP 指令

（1）指令格式。该指令的名称、助记符/功能号、操作数及程序步长如表 4-4 所示。

表 4-4　ZCP 指令

指令名称	助记符/功能号	操作数		程序步长	备注
		［S1.］［S2.］［S.］	［D.］		
比较	（D）ZCP（P）/ FNC11	K、H、KnX、KnY、KnM、 KnS、T、C、D、V、Z	Y、M、S	16 位：7 步 32 位：13 步	16/32 位指令 脉冲/连续执行

（2）指令说明。区间比较指令 ZCP 是将一个数据［S.］与两个源数据［S1.］和［S2.］间的数据进行代数比较，比较结果在目标操作数［D.］～［D＋2］中表示出来，ZCP 指令说明如图 4-8 所示。使用 ZCP 指令时应注意以下 3 点。

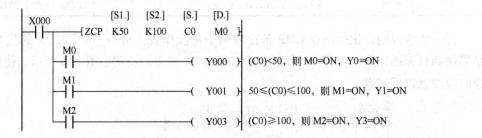

图 4-8　ZCP 指令的说明

① ZCP 指令中的［S1.］、［S2.］和［S.］可以是所有字元件，［D.］为 Y、M、S。

② 源［S1.］的数值要比源［S2.］的小，如果［S1.］比［S2.］大，则［S2.］被看做与［S1.］一样大。

③ 如要清除比较结果，要采用复位 RST 指令。在不执行指令，需清除比较结果时，也要用 RST 或 ZRST 复位指令。

 任务实施

一、控制要求分析

根据控制要求，可知该系统需要 9 个输入点和 2 个输出点。控制要求已为 I/O 设备分配地址，因而不需要再填 I/O 分配表。

二、系统程序

根据控制要求，编写 PLC 程序，如图 4-9 所示。

三、系统 I/O 接口图

系统 I/O 接口图，如图 4-10 所示。

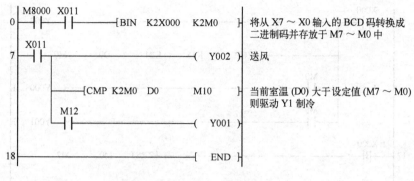

图 4-9 系统程序

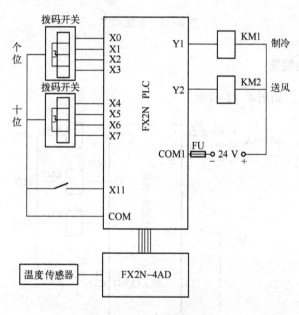

图 4-10 系统 I/O 接口图

 知识拓展

试用 PLC 的 CMP/ZCP 指令编写变频空调控制室温的梯形图。具体要求如下：采集的当前室温存放于数据寄存器 D0（数值 1 对应 1℃）。启动空调（X000 为 ON）后，Y002 一直驱动电扇工作，当室温低于 18℃时，Y000 接通并驱动空调加热；当室温高于 24℃时，Y001 接通并驱动空调制冷。关闭空调（X000 为 OFF）Y000、Y001、Y002 均失电复位。

一、控制要求分析

根据控制要求，可知该系统需要 1 个输入点和 3 个输出点。控制要求已为 I/O 设备分配地址，因而不需要再填 I/O 分配表。

二、系统设计

根据控制要求，编写 PLC 程序，如图 4-11 所示。

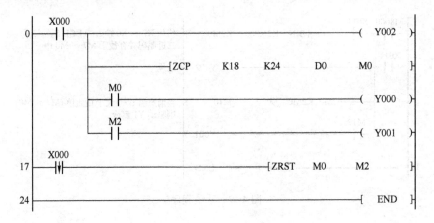

图 4-11　系统程序

三、系统 I/O 接线图

系统 I/O 接线图，如图 4-12 所示。

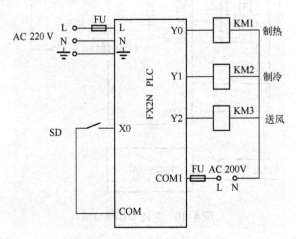

图 4-12　系统 I/O 接线图

练习题

1. 在一些工业控制场合，希望计数器能在程序外由现场操作人员根据工艺要求临时设定，这就需要一种外置数计数器，试利用比较传送类应用指令设计这样一种外置数计数器。具体要求如下：通过二位拨码开关（接于 X000 ~ X007）可自由设定数值 0 ~ 99 范围内的计数值；X010 为计数脉冲；X011 为起停开关。Y000 为计数器 C10 的控制对象，当计数器 C10 的当前值与由拨码开关设定的计数器设定值相同时，Y000 被驱动。试编写响应的程序。

2. 利用计数器与比较指令，设计 24 h 可设定定时时间的住宅控制程序（每 15 min 为一设定单位，则 24 h 共有 96 个时间单位）。要求实现如下控制：

（1）早上 6 点半，闹钟每秒响一次，10 s 后自动停止。

（2）9：00—17：00，启动住宅报警系统。

（3）晚上 6 点 ~ 10 点打开住宅照明。

任务二　MOV 指令的应用

 任务导入

利用 PLC 实现 LED 数码显示，具体要求为：开关闭合后，显示数字 9、8、7、6、5、4、3、2、1、0，显示的时间间隔均为 1 s，并循环不止，直至断开开关系统才停止运行。

 知识链接

一、MOV 指令

1. 指令格式

该指令的名称、助记符/功能号、操作数及程序步长如表 4-5 所示。

表 4-5　MOV 指令

指令名称	助记符/功能号	操作数		程序步长	备　注
		[S.]	[D.]		
传送	(D) MOV (P) / FNC12	K、H、KnX、KnY、KnM、KnS、T、C、D、V、Z	K、H、KnY、KnM、KnS、T、C、D、V、Z	16 位：5 步 32 位：9 步	16/32 位指令 单次/连续执行

2. 指令说明

（1）图 4-13（a）所示的是传送指令的基本格式，MOV 指令的功能是将原操作数送到目标操作数中，即当 X000 为 ON 时，将十进制数 100 自动转换为二进制数，传送至 D10 保存。

（2）MOV 指令为连续执行型，MOVP（后缀 P）表示脉冲执行型。若[S.]是一个变化的数据，则要用脉冲执行型。

（3）DMOV（前缀 D）表示 32 位数据传送（无前缀 D 则表示 16 位数据传送），图 4-13（b）所示的为 32 位数据传送，即当 X000 为 ON 时，将 D1、D0 中的 32 位数据传送给 D11、D10 保存；当 X001 为 ON 时，将 C235 中的 32 位数据传送给 D21、D20 保存。注意向上扩展的数据寄存器存放的是 32 位数据的高 16 位。

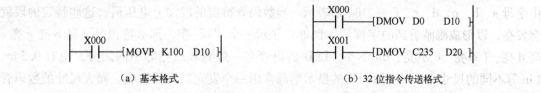

（a）基本格式　　　　　　　　　　　　　（b）32 位指令传送格式

图 4-13　传送指令的基本格式

（4）图 4-14 所示的是 MOV 指令在定时器和计数器指令中的应用。图 4-14（a）所示的是当 X001 为 ON 时，将计数器 C0 的当前值传送至 D20；图 4-14（b）所示的是当 X002 为

ON 时，将十进制数 200 传送至 D12，并将其作为定时器的设定值。

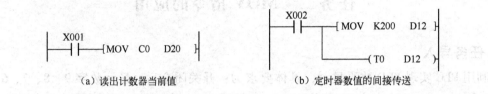

(a) 读出计数器当前值　　　　　(b) 定时器数值的间接传送

图 4-14　传送指令的应用实例

（5）此外，还可以利用 MOV 指令进行位元件的数值传送。如可以利用 MOV 指令将 PLC 的 X000 ~ X003 的状态传送到输出端 Y000 ~ Y003，如图 4-15 所示。也可以将立即数直接传送至输出端，如图 4-16 所示，当 X000 为 ON 时，输出 Y000、Y001，等效于用 MOV 指令向 Y003 ~ Y000 端口传送 K3（3 的二进制码是 0011）数据。若写出的是"1"则对应的输出线圈得电，若写出的是"0"则对应的输出线圈不得电或失电。

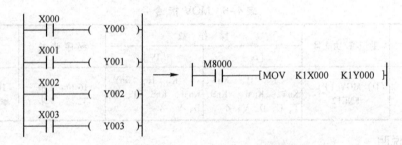

图 4-15　利用传送指令进行位软元件的数值传送

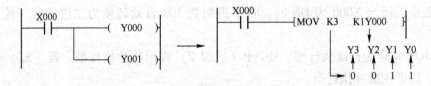

图 4-16　立即数传送至输出端

二、LED 数码管

7 段 LED 数码管实际上是由七个发光二极管组成的，加上小数点就是八个。这些段分别由字母 a、b、c、d、e、f、g、dp 来表示。当数码管特定的段加上电压后，这些特定的段就会发亮，以形成眼睛看到的字样了。例如：显示一个"2"字，那么应当是 a 亮 b 亮 g 亮 e 亮 d 亮、f 不亮、c 不亮、dp 不亮。LED 数码管有一般亮和超亮等不同之分，也有 0.5 in、1 in 等不同的尺寸。小尺寸数码管的显示笔画常用一个发光二极管组成。而大尺寸的数码管由两个或多个发光二极管组成。一般情况下，单个发光二极管的管压降为 1.8 V 左右，电流不超过 30 mA。阳极连接到一起连接到电源正极的发光二极管称为共阳数码管，阴极连接到一起连接到电源负极的发光二极管称为共阴数码管，如图 4-17 所示。

LED 数码管以发光二极管作为发光单元，颜色有单红、黄、蓝、绿、白、七彩效果。

单色的分段全彩管可用大楼、道路、河堤轮廓等亮化；LED 数码管可均匀排布形成大面积显示区域，可显示图案及文字，并可播放不同格式的视频文件广泛用于公司的宣传栏。通过电脑下 Flash、动画、文字等文件，或使用动画设计软件设计个性化动画，播放各种动感变色的图文效果。

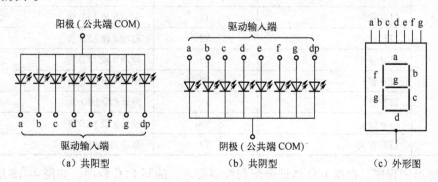

图 4-17　数码管类型

 任务实施

一、控制要求分析

根据任务要求，需写出数字 9、8、7、6、5、4、3、2、1、0 对应的段码。假设用 PLC 的 Y0 ～ Y7，分别接数码管的 a ～ dp 段，那么 0 ～ 9 对应的段码如表 4-6 所示。闭合开关后，只需输出数字对应的段码，LED 数码管便能显示该数字。

表 4-6　0 ～ 9 对应的段码

数字	Y7	Y6	Y5	Y4	Y3	Y2	Y1	Y0	段码（十六进制）
	dp 段	g 段	f 段	e 段	d 段	c 段	b 段	a 段	
9	0	1	1	0	1	1	1	1	6F
8	0	1	1	1	1	1	1	1	7F
7	0	0	0	0	0	1	1	1	07
6	0	1	1	1	1	1	0	1	7D
5	0	1	1	0	1	1	0	1	6D
4	0	1	1	0	0	1	1	0	66
3	0	1	0	0	1	1	1	1	4F
2	0	1	0	1	1	0	1	1	5B
1	0	0	0	0	0	1	1	0	06
0	0	0	1	1	1	1	1	1	3F

二、系统设计

（1）系统 I/O 地址分配。根据分析结果，对输入设备（1 个）和输出设备（8 个）进行地址分配，I/O 地址分配如表 4-7 所示。

表 4-7 I/O 地址分配表

类 型	元件名称	地 址	作 用
输入	开关 S	X0	启动开关
输出	LED 管 a	Y0	驱动 a 段 LED 管
	LED 管 b	Y1	驱动 b 段 LED 管
	LED 管 c	Y2	驱动 c 段 LED 管
	LED 管 d	Y3	驱动 d 段 LED 管
	LED 管 e	Y4	驱动 e 段 LED 管
	LED 管 f	Y5	驱动 f 段 LED 管
	LED 管 g	Y6	驱动 g 段 LED 管
	LED 管 dp	Y7	驱动 dp 段 LED 管

（2）梯形图程序。根据 I/O 地址分配和控制要求，编写 PLC 程序，如图 4-18 所示。

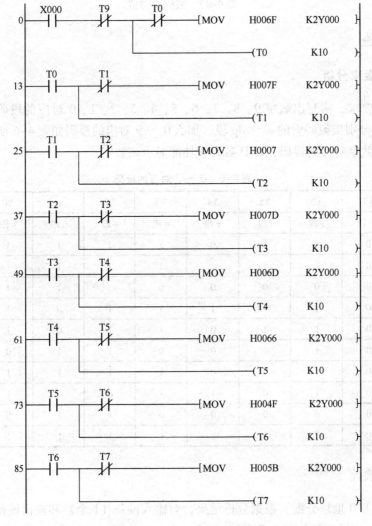

图 4-18 系统程序

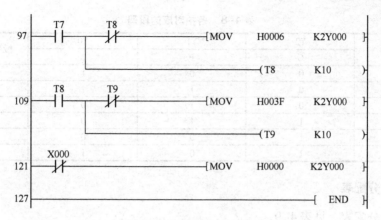

图 4-18　系统程序（续）

（3）系统 I/O 接线图，如图 4-19 所示。

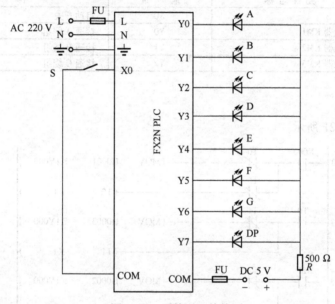

图 4-19　系统 I/O 接线图

知识拓展

设计一个模拟三相六拍步进脉冲的 PLC 控制程序。如图 4-20 所示，三相步进电动机有三个绕组：A、B、C。接通电源，并按下启动按钮后，步进电动机即按图中所示节拍正常工作，请画出 PLC 接口图，并使用 MOV 指令编写出相应的程序（节拍间隔 0.1 s）。

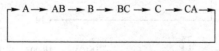

图 4-20　步进电动机工作节拍

一、任务分析

根据任务要求，各拍对应的段码如表 4-8 所示。假设用 PLC 的 Y0 ～ Y2，分别驱动 A、B、C。

表 4-8　各拍对应的段码

拍	Y2	Y1	Y0	段码（十六进制）
	C	B	A	
A	0	0	1	01
AB	0	1	1	03
B	0	1	0	02
BC	1	1	0	06
C	1	0	0	04
CA	1	0	1	05

二、I/O 分配表

系统 I/O 分配表，见表 4-9。

表 4-9　系统 I/O 分配表

类　型	元 件 名 称	地　址	作　　用
输入	开关 S	X0	启动开关
输出	接触器 KM1	Y0	接通 A 绕组
	接触器 KM2	Y1	接通 B 绕组
	接触器 KM3	Y2	接通 C 绕组

三、梯形图

梯形图如图 4-21 所示。

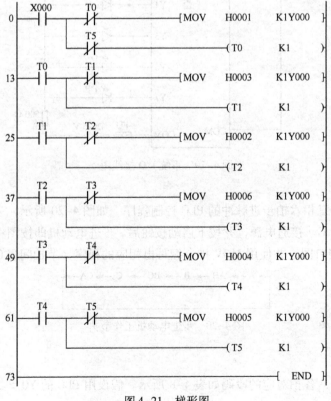

图 4-21　梯形图

四、系统 I/O 接线图

系统 I/O 接线图，如图 4-22 所示。

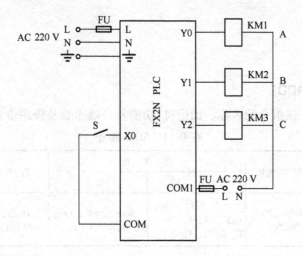

图 4-22　系统 I/O 接线图

注意，步进电动机的步进脉冲频率很高，应采用晶体管输出型的 PLC 进行控制。

练习题

1. 设计一个四相八拍步进电动机 PLC 控制程序。如图 4-23 所示，接通电源，并按下启动按钮后，步进电动机即按图中所示节拍正常工作，请画出 PLC 接口图，并使用 MOV 指令编写出相应的程序。

$$A \rightarrow AB \rightarrow B \rightarrow BC \rightarrow C \rightarrow CD \rightarrow D \rightarrow DA$$

图 4-23　题 1 图

2. 根据系统 I/O 分配表（见表 4-10），用 MOV 指令编程实现以下控制：按下启动按钮，Y000、Y001 得电，电动机丫形启动，延时 5 s 后，Y000、Y002 得电，电动机改为△形运行；按下停止按钮，电动机停止转动。试编写出程序。

表 4-10　系统 I/O 分配表

类　　型	元 件 名 称	地　　址	作　　用
输入	按钮 SB1	X0	启动按钮
	按钮 SB2	X1	停止按钮
输出	接触器 KM1	Y0	主电源交流接触器
	接触器 KM2	Y1	丫形启动交流接触器
	接触器 KM3	Y2	△形运行交流接触器

任务三　车辆出入库管理控制

 任务导入

利用 PLC 的算术运算指令和 BCD 指令实现车库泊位计数和显示。具体要求为：车库最多能容纳 99 辆车，D0 存放当前车库剩下的泊位，闭合开关后，每有一辆车入库（传感器 K1 为 ON）时，泊位减 1，每有一辆车出库（传感器 K2 为 ON）时，泊位加 1。另外用两位 LED 数码管实时显示当前车库所剩的泊位。

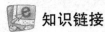 **知识链接**

一、相关指令

1. 加法指令（ADD）

（1）指令格式。该指令的名称、助记符/功能号、操作数及程序步长如表 4-11 所示。

表 4-11　ADD 指令

指令名称	助记符/功能号	操 作 数			程序步长	备　注
		[S1.]	[S2.]	[D.]		
加法	(D) ADD (P) / FNC20	K、 H、 KnX、 KnY、 KnM、 KnS、 T、C、D、V、Z		KnY、KnM、KnS、 T、C、D、V、Z	16 位：7 步 32 位：13 步	16/32 位指令 脉冲/连续执行

（2）指令说明：

① 加法指令是将指定的原操作数 [S1.] 和 [S2.] 中的二进制数相加，结果送到指定的目标操作数 [D.] 中，如图 4-24 所示。当执行条件 X000 由 OFF→ON 时，（D10） + （D12） → （D14）。

② 加法指令操作时影响 3 个常用标志位：M8020（零标志）、M8021（借位标志）和 M8022（进位标志）。若运算结果为 0，则零标志 M8020 置 1；若运算结果超过 32 767（16 位）或 2 147 482 647（32 位），则进位标志 M8022 置 1；若运算结果小于 −32 767（16 位）或 −2 147 482 647（32 位），则借位标志 M8021 置 1。

③ 采用连续执行时，只要执行条件满足，每个扫描周期都会执行 ADD 指令；采用脉冲执行指令（后缀 P）时，只有执行条件从 OFF→ON 变化时，才执行 ADD 指令。

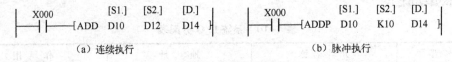

（a）连续执行　　　　　　　　　　　　　　　　（b）脉冲执行

图 4-24　加法指令说明

2. 减法指令（SUB）

（1）指令格式。该指令的名称、助记符/功能号、操作数及程序步长如表 4-12 所示。

表 4-12　SUB 指令

指令名称	助记符/功能号	操 作 数			程序步长	备　注
		[S1.]	[S2.]	[D.]		
减法	(D) SUB (P) / FNC21	K、 H、 KnX、 KnY、 KnM、 KnS、 T、C、D、V、Z		KnY、KnM、KnS、 T、C、D、V、Z	16 位：7 步 32 位：13 步	16/32 位指令 脉冲/连续执行

（2）指令说明：

① 减法指令是将指定的原操作数［S1.］和［S2.］中的二进制数相减，结果送到指定的目标操作数［D.］中，如图 4-25 所示。当执行条件 X000 由 OFF→ON 时，（D10）-（D12）→（D14）。

② 减法指令操作时影响 3 个常用标志位，连续执行和脉冲执行的差异等与上述的加法指令相同。

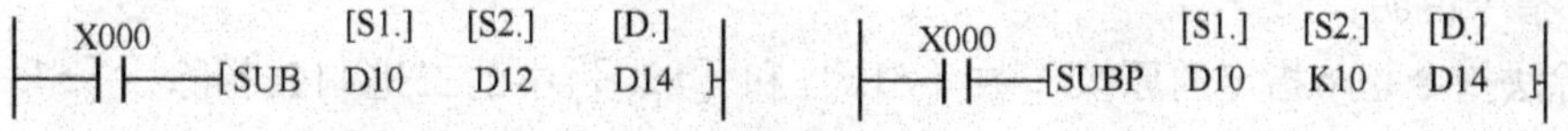

（a）连续执行　　（b）脉冲执行

图 4-25　减法指令说明

3. 乘法指令（MUL）

（1）指令格式。该指令的名称、助记符/功能号、操作数及程序步长如表 4-13 所示。

表 4-13　MUL 指令

指令名称	助记符/功能号	操作数		程序步长	备注
		［S1.］　［S2.］	［D.］		
乘法	（D）MUL（P）/ FNC22	K、H、KnX、KnY、KnM、KnS、T、C、D、V、Z	KnY、KnM、KnS、T、C、D	16 位：7 步 32 位：13 步	16/32 位指令 脉冲/连续执行

（2）指令说明：

① 乘法指令是将指定的原操作数［S1.］和［S2.］中的二进制数相乘，结果送到指定的目标操作数［D.］中。乘法指令分 16 位和 32 位两种情况进行操作，具体运算结果如图 4-26 所示。图 4-26（a）中，当执行条件 X000 由 OFF→ON 时，（D10）×（D12）→（D15，D14）；（源操作数 16 位，目标操作数为 32 位）；图 4-26（b）中，当执行条件 X001 由 OFF→ON 时，（D11，D10）×（D13，D12）→（D17，D16，D15，D14）（源操作数为 32 位，则目标操作数为 64 位）。最高位为符号位，0 表正数，1 表负数。

② 如将位组合元件用于 32 位运算的目标操作数，限于 Kn 的取值（$n=1\sim8$），只能得到低 32 位的结果，不能得到高 32 位的结果，这时，应将数据移入字元件再进行计算。用字元件也不可能监视 64 位数据，只能通过监视高 32 位和低 32 位。

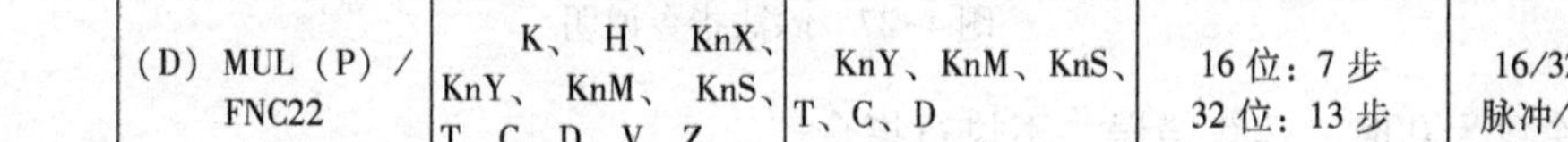

（a）16 位运算　　（b）32 位运算

图 4-26　乘法指令说明

4. 除法指令（DIV）

（1）指令格式。该指令的名称、助记符/功能号、操作数及程序步长如表 4-14 所示。

表 4-14 DIV 指令

指令名称	助记符/功能号	操 作 数			程序步长	备 注
		[S1.]　　[S2.]		[D.]		
除法	(D) DIV (P) / FNC23	K、H、KnX、KnY、KnM、KnS、T、C、D、V、Z		KnY、KnM、KnS、T、C、D	16 位：7 步 32 位：13 步	16/32 位指令 脉冲/连续执行

（2）指令说明：

① 除法指令是将指定的原操作数〔S1.〕和〔S2.〕中的二进制数相除，〔S1.〕为被除数，〔S2.〕为除数，商送到指定的目标操作数〔D.〕中，余数送到〔D.〕的下一个目标元件。除法指令有 16 位运算和 32 位运算两种情况，具体运算结果如图 4-36 所示。图 4-27（a）中，当执行条件 X000 由 OFF→ON 时，（D10）÷（D12）→商送至 D14，余数送至 D15；图 4-27（b）图中，当执行条件 X001 由 OFF→ON 时，（D11，D10）÷（D13，D12）→商送至（D15，D14），余数送至（D17，D16）。

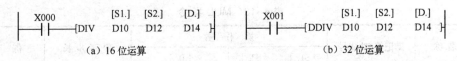

（a）16 位运算　　　　　　　　　　（b）32 位运算

图 4-27　除法指令说明

② 除数为 0 时，运算错误，不执行指令。

③ 若〔D.〕为指定位元件，则得不到余数。

④ 商和余数的最高位是符号位。被除数或除数为负数，则商为负数；被除数为负数，余数为负数。

5. 自加 1 指令（INC）

（1）指令格式。该指令的名称、助记符/功能号、操作数及程序步长如表 4-15 所示。

表 4-15 INC 指令

指令名称	助记符/功能号	操 作 数	程序步长	备 注
		[D.]		
自加 1	(D) INC (P) / FNC24	KnY、KnM、KnS、T、C、D、V、Z	16 位：3 步 32 位：5 步	16/32 位指令 脉冲/连续执行

（2）指令说明：

① 自加 1 指令功能说明如图 4-28 所示。X000 由 OFF→ON 时，由〔D.〕指定的元件 D10 中的二进制数自动加 1。即（D10）+1→D10。若为连续执行（无后缀 P）时，只要 X000 为 ON，那么每个扫描周期 D10 都会自加 1。

图 4-28　自加 1 指令功能说明

② 在 16 位运算时，+32 767 再加 1 就变成 -32 768，但标志位不置 1。同样，在 32 位运算时，+2 147 483 647 再加 1 就变成 -2 147 483 648，标志位也不置 1。

6. 自减 1 指令（DEC）

（1）指令格式。该指令的名称、助记符/功能号、操作数及程序步长如表 4-16 所示。

表 4-16 DEC 指 令

指令名称	助记符/功能号	操作数 [D.]	程序步长	备 注
自减 1	(D) DEC (P) / FNC25	KnY、KnM、KnS、T、C、D、V、Z	16 位：3 步 32 位：5 步	16/32 位指令 脉冲/连续执行

（2）指令说明：

① 自减 1 指令功能说明如图 4-29 所示。X000 由 OFF →ON 时，由 [D.] 指定的元件 D10 中的二进制数自动减 1。即（D10）−1→D10。若为连续执行（无后缀 P）时，只要 X000 为 ON，那么每个扫描周期 D10 都会自减 1。

图 4-29 自减 1 指令功能说明

② 在 16 位运算时，−32 768 再减 1 就变成 +32 767，但标志位不置 1。同样，在 32 位运算时，−2 147 483 648 再减 1 就变成 +2 147 483 647，标志位也不置 1。

7. BCD 码变换指令

（1）指令格式，该指令的名称、助记符/功能号、操作数及程序步长如表 4-17 所示。

表 4-17 BCD 指 令

指令名称	助记符/功能号	操作数 [S.]	[D.]	程序步长	备 注
BCD 码变换	(D) BCD (P) / FNC18	K、H、KnX、KnY、KnM、KnS、T、C、D、V、Z	KnY、KnM、KnS、T、C、D、V、Z	16 位：5 步 32 位：9 步	16/32 位指令 单次/连续执行

（2）指令说明：

① BCD 码变换指令是将原操作数中的二进制数转换成 BCD 码送至目标操作数中，如图 4-30 所示。当 X0 为 ON 时，将 D0 中的二进制数转换成 BCD 码送至输出口 Y7 ～ Y0。

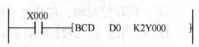

图 4-30 BCD 指令说明

② 使用 16 位指令时，若 BCD 码转换结果超过 9999 就会出错。使用 32 位指令时，若 BCD 码转换结果超过 99999999 也会出错。

二、相关外围设备

BCD 译码器——CD4511

CD4511 的引脚图如图 4-31 所示。BCD 码与显示数据的关系如表 4-18 所示。

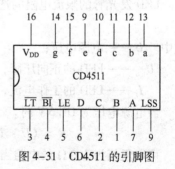

图 4-31 CD4511 的引脚图

表 4-18 数据对应关系

端口输入的数据				显示的数字
D	C	B	A	
0	0	0	0	0
0	0	0	1	1
0	0	1	0	2
0	0	1	1	3
0	1	0	0	4
0	1	0	1	5
0	1	1	0	6
0	1	1	1	7
1	0	0	0	8
1	0	0	1	9
1	0	1	0	A
1	0	1	1	8
1	1	0	0	C
1	1	0	1	0
1	1	1	0	E
1	1	1	1	F

（1）CD4511 的端子说明：

$\overline{\text{LT}}$：灯测试端，加高电平时显示器正常显示，加低电平时显示器一直显示 "8"。

$\overline{\text{BI}}$：消隐功能端，加低电平时所有都消隐，加高电平时正常显示。

LE：锁存控制端，加高电平锁存，加低电平正常显示。

D、C、B、A：8421 BCD 码功能输入端。

g、f、e、d、c、b、a 译码输出端，输入为高电平有效。

（2）限流电阻和上拉电阻的选择。

CD4511 内部有上拉电阻，在输出端和数码管输入端接上限流电阻就可以工作。

LED 发光管的限流电阻的选择方法，用公式表达为：

$$R = (U - U_{\text{led}})/I_{\text{f}}$$

式中　U——电源电压；

　U_{led}——LED 的正向压降，取 3.3 V；

　I_{f}——LED 的工作电流，取 5 mA。

当电源电压为 DC 5 V 时，

$$R = (U - U_{\text{led}})/I_{\text{f}} = (5\,\text{V} - 3.3\,\text{V})/5\,\text{mA} = 340\,\Omega$$

可取阻值为 300 Ω 的电阻当限流电阻。

任务实施

一、控制要求分析

根据控制要求，可知该系统的输入设备有：2 个传感器，1 个开关；输出设备有：2 位带译码器的 7 段 LED 数码管。

二、系统设计

（1）系统 I/O 地址分配。根据分析结果，对输入设备（3 个）和输出设备（8 个）进行地址分配，I/O 地址分配如表 4-19 所示。

表 4-19 I/O 地址分配表

类 型	元件名称	地 址	作 用
输入	开关 QS	X0	启停系统
	光电开关 K1	X1	有车入库
	光电开关 K2	X2	有车出库
输出	个位 LED 数码管	Y0 ～ Y3	驱动个位数显示
	十位 LED 数码管	Y4 ～ Y7	驱动十位数显示

（2）系统程序。根据 I/O 地址分配和控制要求，编写 PLC 程序，如图 4-32 所示。

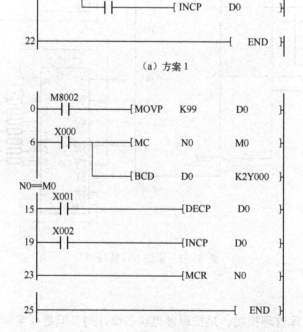

图 4-32 系统程序

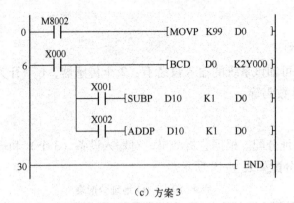

（c）方案 3

图 4-32　系统程序（续）

（3）系统 I/O 接线图，如图 4-33 所示。

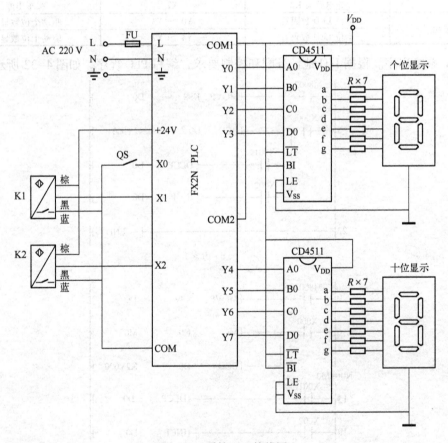

图 4-33　系统 I/O 接线图

 知识拓展

　　上述的车辆出入库管理控制，是按照理想状态设计的，但是在实际应用中出现误计数的几率很大，因为实际应用中会有其他的因素干扰，比如人或大型的犬类从光电开关前通过，都会使系统误计数，另外若有车辆长时间停在道口应有相应的报警提示。试对车辆出入库管理控制系统进行改善和补充,以确保在实际应用中能正确的统计车辆数目。

一、控制要求分析

根据控制要求,需在原有条件下,输入端需再增加 2 个光电开关,即出口和入口各增加一个光电开关,出口/入口处的两个光电开关之间的距离应大于大型犬类且小于紧凑型的车长。输出端需再增加一个报警指示灯。

二、系统设计

(1)系统 I/O 地址分配。根据分析结果,对输入设备(5 个)和输出设备(9 个)进行地址分配,I/O 地址分配如表 4-20 所示。

表 4-20 I/O 地址分配表

类 型	元 件 名 称	地 址	作 用
输入	开关 QS	X0	启停系统
	光电开关 K1	X1	有车入库
	光电开关 K2	X2	有车出库
	光电开关 K3	X3	有车入库
	光电开关 K4	X4	有车出库
输出	个位 LED 数码管	Y0 ~ Y3	驱动个位数显示
	十位 LED 数码管	Y4 ~ Y7	驱动十位数显示
	报警指示灯	Y10	道口有车滞留

(2)系统程序。根据 I/O 地址分配和控制要求,编写 PLC 程序,如图 4-34 所示。

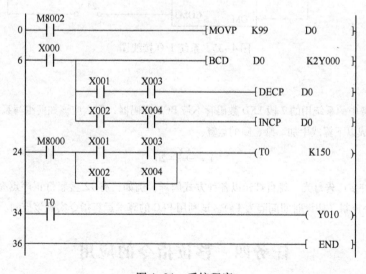

图 4-34 系统程序

(3)系统 I/O 接线图,如图 4-35 所示。

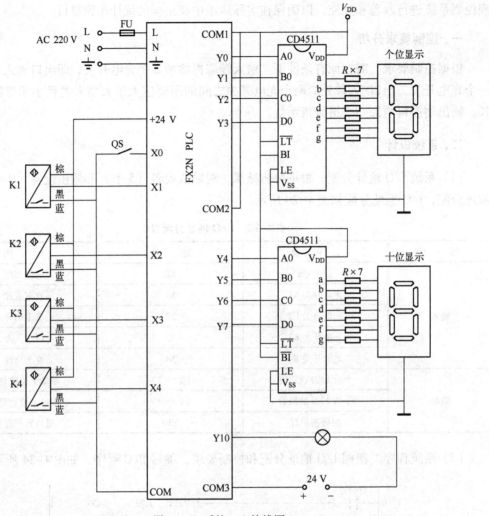

图 4-35　系统 I/O 接线图

 练习题

1. 假设该任务中的系统用的 7 段 LED 数码管不带 BCD 译码器，那么应该如何编写系统程序？

2. 用 PLC 完成以下算式中加、乘、除的运算：

$$Y = \frac{36X}{3} + 20$$

3. 经常看到许多广告灯光、舞台灯光以各种方式闪烁，例如：有 12 盏彩灯正序点亮至全亮、反序熄灭至全熄灭再循环控制（假设时间间隔为 1 s）。试利用 PLC 的算术运算指令实现该控制。

任务四　移位指令的应用

任务导入

利用 PLC 实现流水灯控制。某灯光招牌有 L1 ～ L8 八只灯接于 K2Y0（Y000 ～ Y007），要求当 X000 为 ON 时，灯先以正序每隔 1 s 轮流点亮，当 L8 亮后，停 2 s；然后以反序每隔 1 s 轮流点亮，当 L0 再亮后，停 2 s，重复上述过程。当 X001 为 ON 时，停止工作。

 知识链接

一、循环右移指令（ROR）

该指令的名称、助记符/功能号、操作数及程序步长如表 4-21 所示。

表 4-21　ROR 指令

指令名称	助记符/功能号	操作数		程序步长	备注
		[D.]	n		
循环右移	(D) ROR (P) / FNC30	KnY、KnM、KnS、T、C、D、V、Z	K、H n≤16（16 位） n≤32（32 位）	16 位：5 步 32 位：9 步	16/32 位指令 脉冲/连续执行 影响标志：M8022

循环移位是指数据在单字节或双字内的移位，是一种环形移动。而非循环移位是线性的移位，数据移出部分会丢失，移入部分从其他数据获得。移位指令可用于数据的 2 倍乘处理，形成新数据，或形成某种控制开关。

循环右移指令 ROR 使 16 位数据、32 位数据向右循环移位，如图 4-36 所示。当 X004 由 OFF→ON 时，［D.］内各位数据向右移 n 位，

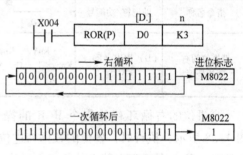

图 4-36　循环移位指令（右移）

最后一次从最低位移出的状态存于进位标志 M8022 中。若用连续指令执行时，循环移位操作每个周期执行一次。若［D.］为指定位软元件，只有 K4（16 位指令）或 K8（32 位指令）有效。

二、循环左移指令（ROL）

该指令的名称、助记符/功能号、操作数及程序步长如表 4-22 所示。

表 4-22　ROL 指令

指令名称	助记符/功能号	操作数		程序步长	备注
		[D.]	n		
循环左移	(D) ROL (P) / FNC31	KnY、KnM、KnS、T、C、D、V、Z	K、H n≤16（16 位） n≤32（32 位）	16 位：5 步 32 位：9 步	16/32 位指令 脉冲/连续执行 影响标志：M8022

循环左移指令 ROL 使 16 位数据、32 位数据向左循环移位，如图 4-37 所示。当 X001 由 OFF→ON 时，［D.］内各位数据向左移 n 位，最后一次从最高位移出的状态存于进位标志 M8022 中。若用连续指令执行时，循环移位操作每个周期执行一次。若［D.］为指定位

软元件，只有 K4（16 位指令）或 K8（32 位指令）有效。

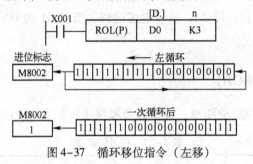

图 4-37　循环移位指令（左移）

三、带进位的右循环移位指令（RCR）

该指令的名称、助记符/功能号、操作数及程序步长如表 4-23 所示。

表 4-23　RCR 指 令

指令名称	助记符/功能号	操 作 数		程序步长	备 注
		[D.]	n		
带进位的右循环移位	(D) RCR (P) / FNC32	KnY、KnM、KnS、T、C、D、V、Z	K、H n≤16（16 位） n≤32（32 位）	16 位：5 步 32 位：9 步	16/32 位指令 脉冲/连续执行 影响标志：M8022

带进位的右循环移位指令 RCR 的操作数和 n 的取值范围与循环移位指令相同。如图 4-38 所示，执行时，各位的数据与进位位 M8022 一起（16 位指令时一共 17 位）向右循环移动 n 位。在循环中移出的位送入进位标志，后者又被送回到目标操作数的另一端。

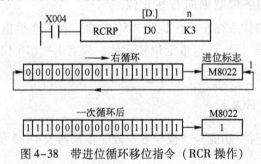

图 4-38　带进位循环移位指令（RCR 操作）

四、带进位的左循环移位指令（RCL）

该指令的名称、助记符/功能号、操作数及程序步长如表 4-24 所示。

表 4-24　RCL 指 令

指令名称	助记符/功能号	操 作 数		程序步长	备 注
		[D.]	n		
带进位的左循环移位	(D) RCL (P) / FNC33	KnY、KnM、KnS、T、C、D、V、Z	K、H n≤16（16 位） n≤32（32 位）	16 位：5 步 32 位：9 步	16/32 位指令 脉冲/连续执行 影响标志：M8022

带进位的左循环移位指令 RCL 的操作数和 n 的取值范围与循环移位指令相同。如图 4-39 所示，执行时，各位的数据与进位位 M8022 一起（16 位指令时一共 17 位）向左循环移动 n 位。在循环中移出的位送入进位标志，后者又被送回到目标操作数的另一端。

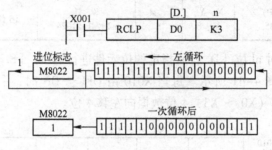

图 4-39　带进位循环移位指令（RCL 操作）

五、位右移指令（SFTR）

该指令的名称、助记符/功能号、操作数及程序步长如表 4-25 所示。

表 4-25　SFTR 指令

指令名称	助记符/功能号	操作数			程序步长	备　注
		[S.]	[D.]	n1　n2		
位右移	SFTR（P）/ FNC34	X、Y、 M、S	Y、M、 S	K、H n2≤n1≤1024	16 位：7 步	16 位指令 脉冲/连续执行

位右移指令 SFTR 对 n1 位［D.］所指定的位元件进行 n2 位［S.］所指定位元件的位右移。n2≤nl≤1024。如图 4-40 所示，每当 X010 由 OFF→ON 时，［D.］内（M0 ~ M15）各位数据连同［S.］内（X0 ~ X3）4 位数据向右移 4 位，即（M3 ~ M0）→溢出，（M7 ~ M4）→（M3 ~ M0），（M11 ~ M8）→（M7 ~ M4），（M15 ~ M12）→（M11 ~ M8），（X3 ~ X0）→（M15 ~ M12）。

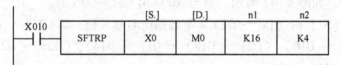

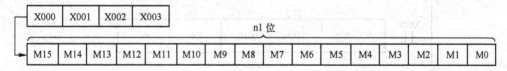

图 4-40　位右移指令 SFTR 说明

六、位左移指令（SFTL）

该指令的名称、助记符/功能号、操作数及程序步长如表 4-26 所示。

表4-26　SFTL 指令

指令名称	助记符/功能号	操作数			程序步长	备注
		[S.]	[D.]	n1　n2		
位左移	SFTL (P) / FNC35	X、Y、 M、S	Y、M、 S	K、H n2≤n1≤1024	16 位：7 步	16 位指令 脉冲/连续执行

位左移指令 SFTL 对 nl 位 [D.] 所指定的位元件进行 n2 位 [S.] 所指定位元件的位左移。n2≤nl≤1024，如图 4-41 所示。每当 X010 由 OFF→ON 时，[D.] 内（M0 ~ M15）各位数据连同 [S.] 内（X0 ~ X3）4 位数据向左移 4 位。

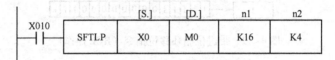

图 4-41　位左移指令说明

说明：位右移或位左移指令用脉冲执行型指令时，指令执行取决于 X010 由 OFF→ON 的变化；而用连续指令执行时，移位操作是每个扫描周期执行一次。

七、字右移指令（WSFR）

该指令的名称、助记符/功能号、操作数及程序步长如表 4-27 所示。

表4-27　WSFR 指令

指令名称	助记符/功能号	操作数			程序步长	备注
		[S.]	[D.]	n1　n2		
字右移	WSFR (P) / FNC36	X、Y、 M、S	Y、M、 S	K、H n2≤n1≤1024	16 位：7 步	16 位指令 脉冲/连续执行

字右移指令 WSFR 是对 [D.] 所指定的 n1 位字的字元件进行 [S.] 所指定的 n2 位字的右移，n2≤n1≤512，如图 4-42 所示。每当 X000 由 OFF→ON 时，[D.] 内（D10 ~ D25）16 字数据连同 [S.] 内（D0 ~ D3）4 字数据向右移 4 位，即（D13 ~ D10）→溢出，（D17 ~ D14）→（D13 ~ D10），（D21 ~ D18）→（D17 ~ D14），（D25 ~ D22）→（D2l ~ D18），（D3 ~ D0）→（D25 ~ D22）。

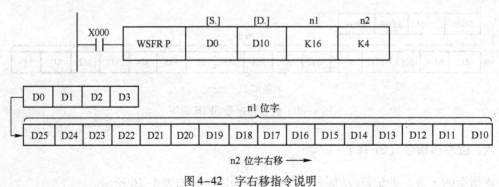

图 4-42　字右移指令说明

八、字左移指令（WSFL）

该指令的名称、助记符/功能号、操作数及程序步长如表4-28所示。

表4-28　WSFL 指令

指令名称	助记符/功能号	操作数			程序步长	备注
		[S.]	[D.]	n1　n2		
字左移	WSFL（P）/ FNC37	KnX、 KnY、 KnM、 KnS、 T、C、D	KnY、 KnM、 KnS、 T、C、D	K、H n2≤n1≤512	16位：9步	16位指令 脉冲/连续执行

字左移指令 WSFL 是对 [D.] 所指定的 nl 位字的字元件进行 [S.] 所指定的 n2 位字的左移，n2≤nl≤512，如图4-43所示。每当 X000 由 OFF→ON 时，[D.] 内（D10～D25）16字数据连同 [S.] 内（D0～D3）4字数据向左移4位。

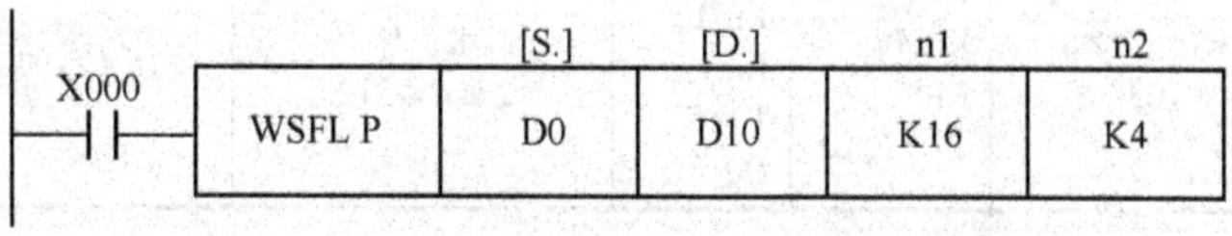

	[S.]	[D.]	n1	n2
X000 WSFL P	D0	D10	K16	K4

图4-43　字左移指令说明

说明：字左移指令用脉冲执行指令时，指令执行取决于 X000 由 OFF→ON 的变化；而用连续指令执行时，移位操作每个扫描周期执行一次。

九、移位寄存器写入指令（SFWR）

该指令的名称、助记符/功能号、操作数及程序步长如表4-29所示。

表4-29　SFWR 指令

指令名称	助记符/功能号	操作数		n	程序步长	备注
		[S.]	[D.]			
字左移	SFWR（P）/ FNC38	K、H、 KnX、 KnY、 KnM、 KnS、 T、C、 D、V、Z	KnY、 KnM、 KnS、T、 C、D	K、H 2≤n≤512	16位：7步	16位指令 脉冲/连续执行

移位寄存器又称为 FIFO（先入先出）堆栈，堆栈的长度范围为 2～512 个字。移位寄存器写入指令 SFWR 是先进先出控制的数据写入指令，如图4-44所示。当 X000 由 OFF→ON 时，将 [S.] 所指定的 D0 的数据存储在 D2 内，[D.] 所指定的指针 D1 的内容变为1。若改变了 D0 的数据，当 X000 再由 OFF→ON 时，又将 D0 的数据存储在 D3 中，D1 的内容变为2。依此类推，D1 内的数为数据存储点数。如超过 n-1，则变成无处理，进位标志 M8022 动作。

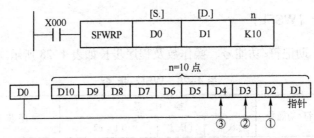

图 4-44　FIFO 写入指令说明

十、移位寄存器读出指令（SFRD）

该指令的名称、助记符/功能号、操作数及程序步长如表 4-30 所示。

表 4-30　SFRD 指令

指令名称	助记符/功能号	操作数			程序步长	备　注
		[S.]	[D.]	n		
移位寄存器读出	SFRD（P）/ FNC39	KnY、 KnM、 KnS、 T、C、D	KnY、 KnM、 KnS、 T、C、 D、V、Z	K、H 2≤n≤512	16 位：7 步	16 位指令 脉冲/连续执行

移位寄存器读出指令 SFRD 是先进先出控制的数据读出指令，如图 4-45 所示。当 X000 由 OFF→ON 时，将 D2 的数据传送到 D20 内，与此同时，指针 D1 的内容减 1，D3 ～ D10 的数据向右移。当 X000 再由 OFF→ON 时，即原 D3 中的内容传送到 D20 内，D1 的内容再减 1。依此类推，当 D1 的内容为 0，则上述操作不再执行，零标志 M8020 动作。

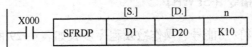

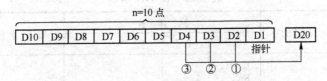

图 4-45　FIFO 读出指令

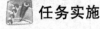 **任务实施**

一、系统 I/O 地址分配

根据控制要求，流水灯控制需要 1 个输入点，8 个输出点。I/O 地址分配如表 4-31 所示。

表 4-31　I/O 地址分配表

类　型	元件名称	地　址	作　用
输入	开关 SD	X000	启动/停止
输出	灯 L1 ～ L8	Y000 ～ Y007	驱动 L1 ～ L8

二、系统设计

根据 I/O 地址分配和控制要求，编写 PLC 程序，如图 4-46 所示。

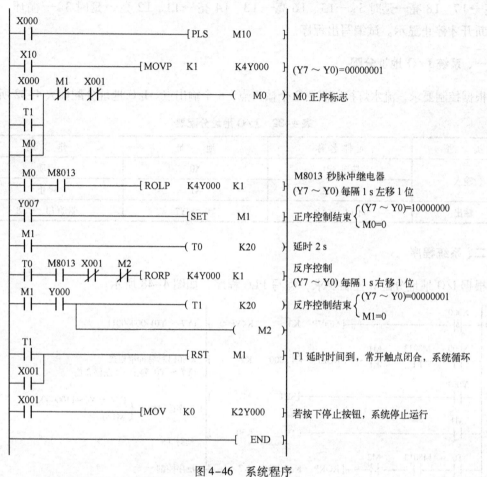

图 4-46　系统程序

三、系统 I/O 接线图

系统 I/O 接线图，如图 4-47 所示。

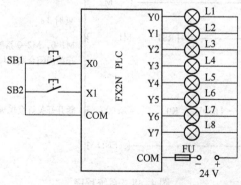

图 4-47　系统 I/O 接线图

知识拓展

利用 PLC 的移位指令实现以下功能：闭合开关后，L1、L2 亮→L3、L4 亮→L5、L6 亮→L7、L8 亮→延时 3 s→L5、L6 亮→L3、L4 亮→L1、L2 亮→延时 3 s→循环，直至开关断开才停止显示。试编写出程序。

一、系统 I/O 地址分配

根据控制要求，流水灯控制需要 2 个输入点，8 个输出点。I/O 地址分配如表 4-32 所示。

表 4-32　I/O 地址分配表

类　型	元 件 名 称	地　址	作　用
输入	按钮 SB1	X0	启动
	按钮 SB2	X1	停止
输出	灯 L1 ～ L8	Y0 ～ Y7	驱动 L1 ～ L8

二、系统程序

根据 I/O 地址分配和控制要求，编写 PLC 程序，如图 4-48 所示。

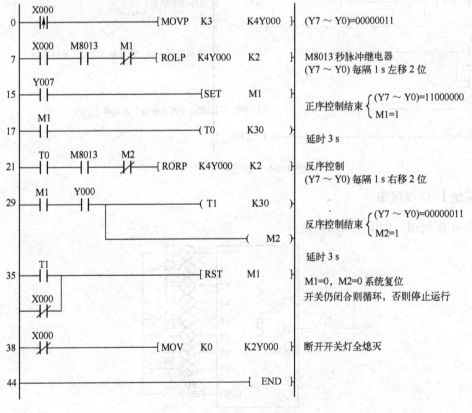

图 4-48　系统程序

三、系统 I/O 接线图

系统 I/O 接线图，如图 4-49 所示。

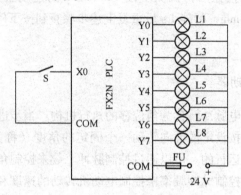

图 4-49 系统 I/O 接线图

 练习题

1. 系统程序中只用 Y0 ～ Y7 接 8 个灯，可是在程序中的移位指令却用了 K4Y0（Y0 ～ Y7，Y10 ～ Y17），为什么？

2. 用其他的移位指令能实现该任务要求吗？试写出你认为正确的程序。

3. 利用 PLC 的移位指令实现以下功能：按下启动按钮后，L1、L2 亮→L3、L4 亮→L5、L6 亮→L7、L8 亮→延时 3 s→L5、L6 亮→L3、L4 亮→L1、L2 亮→延时 3 s→循环，直至按下停止按钮才停止显示。试编写出程序。

任务五 PLC 与步进电动机

 任务导入

图 4-50 所示的是某型号机械手模型。该机械手模型由步进电动机滚珠丝杆、滑轨、汽

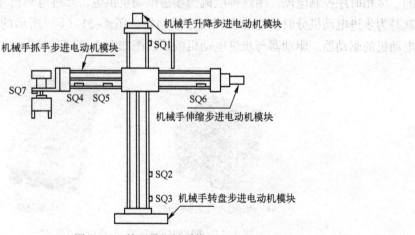

图 4-50 某型号机械手模型

缸、气控机械抓手和直流电动机等组成，已知机械手的原点离最高点为 20 cm，离最低点 40 cm，滚珠丝杆螺距为 10 mm。试利用 PLC 控制步进电动机实现该机械手升降运动控制。具体要求如下：按下启动按钮后，机械手以 100 mm/s 的速度上行 150 mm，停留 2 s 后以 150 mm/s 的速度下行 300 mm，暂停 1 s 后重复上述步骤直到按下停止按钮。

 知识链接

一、步进电动机及驱动器

步进电动机是一种将电脉冲转化为角位移的执行机构。当步进驱动器接收到一个脉冲信号，它就驱动步进电动机按设定的方向转动一个固定的角度（称为"步距角"），它的旋转是以固定的角度一步一步运行的。可以通过控制脉冲个数来控制角位移量，从而达到准确定位的目的；同时可以通过控制脉冲频率来控制电动机转动的速度和加速度，从而达到调速的目的。步进电动机可以作为一种控制用的特种电动机，利用其没有积累误差（精度为100%）的特点，广泛应用于各种开环控制。

1. 步进电动机

步进电动机可分为反应式（VR）、永磁式（PM）和混合式（HB）三种。其中，混合式步进电动机（又称永磁感应子式步进电动机）综合了反应式、永磁式步进电动机两者的优点，它的步距角小，出力大，动态性能好，是目前性能最高的步进电动机。图 4-51 （a）所示的就是两相混合式步进电动机。

混合式步进电动机以相数可分为：二相电动机、三相电动机、四相电动机、五相电动机等。其中，两相步距角一般为 1.8°而五相步距角一般为 0.72°。混合式步进电动机以机座号（电动机外径）可分为：42BYG（BYG 为感应子式步进电动机代号）、57BYG、86BYG、110BYG、（国际标准），而像 70BYG、90BYG、130BYG 等均为国内标准。

2. 步进电动机驱动器

步进电动机是一种感应电动机，它的工作原理是利用电子电路，将直流电变成分时供电的、多相时序控制电流，用这种电流为步进电动机供电，步进电动机才能正常工作，驱动器就是为步进电动机分时供电的多相时序控制器。图 4-51 （b）所示的就是两相混合式步进电动机的驱动器。驱动器与步进电动机的接线图如图 4-52 所示。

（a）两相混合式步进电动机　　　　　（b）驱动器

图 4-51　两相混合式步进电动机及驱动器

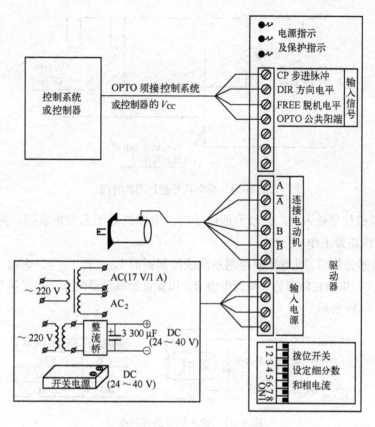

图 4-52　两相步进电动机驱动器接线示意图

（1）驱动器的输入信号：

CP：步进脉冲信号输入端。输入的脉冲宽度一般不小于 2 μs 。脉冲方式如图 4-53 所示。

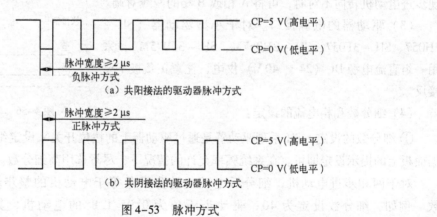

图 4-53　脉冲方式

DIR：方向电平信号输入端。电动机换向一定要在电动机降速停止后再换向。换向信号一定要在前一个方向的最后一个 CP 脉冲结束后和下一个方向的第一个脉冲前发出，如图 4-54 所示（以共阳接法为例）。

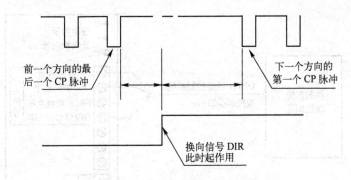

图 4-54　换向信号起作用的时刻

FREE：脱机信号输入端。此端为低电平时，电动机处于无力矩状态；为高电平或悬空不接时，电动机正常工作。

OPTO：共阳公共端。此端须接控制系统或控制器的 V_{CC}。若 $V_{CC} = +5\,V$，可以直接接入；若 V_{CC} 不是 $+5\,V$，则须在外部另加限流电阻 R，以保证给驱动器内部光耦提供 $8 \sim 15\,mA$ 的驱动电流，如图 4-55 所示。

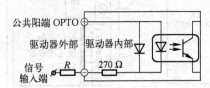

信号幅值	外接限流电阻 R
5 V	不加
12 V	680 Ω
24 V	2.0 kΩ

图 4-55　输入信号的接口电路

（2）驱动器的电动机接口。对于两相四线的步进电动机，可以直接与驱动器相连，如图 4-56 所示。步进电动机的快接线插头：红色表示 A 相，蓝色表示 B 相。如果发现步进电动机转向不对时，可将 A 相或 B 相的两线对调。

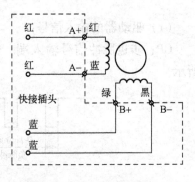

（3）驱动器的电源接口。对于小型驱动器（SH - 2H057、SH - 3F057、SH - 2H057M、SH - 3F075M），采用一组直流电源 DC（24 ～ 40 V）供电，注意正负极不要接反。

图 4-56　电动机接口

（4）细分数和相电流的设定：

① 细分数的设定。SH 系列驱动器是通过驱动器上的拨位开关来设定细分数的，只需根据面板上的提示设定即可。在系统频率允许的情况下，尽量选用高细分数。

对于两相步进电动机，细分后电动机的步距角等于电动机的整步步距除以细分数。例如，细分数设定为 40，驱动步距角为 $0.9°/1.8°$ 的电动机，其细分步距角为 $1.8 \div 40 = 0.045$，即当驱动器工作在不细分的整步状态驱动电动机时，控制系统每发一个步进脉冲，电动机转动 $1.8°$，而用细分驱动工作在 40 细分状态时，电动机只转动了 $0.045°$。

② 电动机相电流的设定。SH 系列驱动器是靠驱动器上的拨位开关来设定电动机的相电

流，只需根据面板上的电流设定表格设定即可。

（5）共阳接法的驱动器与共阴系统的连接。

共阳接法的驱动器与共阴系统（如三菱 PLC）的连接如图 4-57 所示。

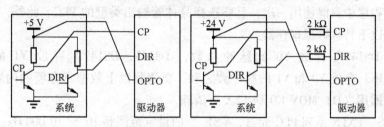

图 4-57　共阳接法的驱动器与共阴系统的连接

二、相关指令

1. 带加减速功能的脉冲输出指令 PLSR

（1）指令格式。该指令的名称、助记符/功能号、操作数及程序步长如表 4-33 所示。

表 4-33　PLSR 指 令

指令名称	助记符/功能号	操作数				程序步长	备注
		[S1.]　[S2.]　[S3.]			[D.]		
加减速功能脉冲输出	(D) PLSR/FNC59	K、H、KnX、KnY、KnM、KnS、T、C、D、V、Z			Y0、Y1	16 位：7 步 32 位：17 步	16/32 位指令连续执行

（2）指令说明。图 4-58 所示为加减功能的脉冲输出指令功能说明。当 X001 为 ON 时，从 [D.] 输出一频率从 0 加速到 [S1.] 指定的最高频率，到达最高频率后，再减速到达 0。输出脉冲的总数量由 [S2.] 指定，加速、减速的时间由 [S3.] 指定。脉冲发完后，特殊辅助继电器 M8029 自动闭合，PLSR 指令驱动条件失效后，M8029 自动断开。

```
      X001
      ┤├──────────┤PLSR    K500      D10       K3600     Y000   ├

                           [S1.]     [S2.]     [S3.]     [D.]

                           最高      总输出    加减速    输出
                           频率      脉冲数    时间      元件
                           (Hz)                (ms)
```

图 4-58　PLSR 指令说明

[S1.] 的设定范围是 10 ～ 20 000 Hz。若为 16 位操作，[S2.] 的设定范围是 110 ～ 32 767 Hz；若为 32 位操作，[S2.] 的设定范围是 110 ～ 2 147 483 647 Hz。若 [S2.] 设定值小于 110 时，脉冲不能正常输出。[S3.] 为加减速时间，的设定范围是 0 ～ 5 000 ms，其值应大于 PLC 扫描周期最大值（D8012）的 10 倍，且满足：

$$\frac{90\,000 \times 5}{[S1.]} \leq [S3.] \leq \frac{[S2.] \times 818}{[S1.]}$$

加减速的变速次数固定为 10 次；[D.] 用来指定脉冲输出的元件号（Y0 或 Y1）。

当 X001 为 OFF 时，中断输出，X001 再次为 ON 时，从初始值开始动作。在指令执行过程中，改写操作数，指令运行不受影响。变更内容只有从下一次指令驱动开始有效。

当［S2.］设定的脉冲数输出结束时，执行结束标志继电器 M8029 为 ON。

本指令在程序中只能使用一次，且要选择晶体管输出类型的 PLC。此外，Y0、Y1 输出的脉冲数存入以下特殊数据寄存器：

［D8141，D8140］存放 Y0 的脉冲总数；［D8143，D8142］存放 Y1 的脉冲总数；［D8137，D8136］存放 Y0 和 Y1 的脉冲数之和。要清除以上数据寄存器的内容，可通过传送指令做到，即用（D）MOV K0 D81XX 可清除。

对于 FX1S、FX1N 系列 PLC 而言，［S1.］的设定范围是 10～10 000 Hz；［S3.］的设定范围是 50～5 000 ms；［S2.］和［D.］的范围同上述 FX2N 系列 PLC 的一样。

2. 脉冲输出指令 PLSY

（1）指令格式。该指令的名称、助记符/功能号、操作数及程序步长如表 4-34 所示。

表 4-34　PLSY 指 令

指令名称	助记符/功能号	操 作 数			程序步长	备 注
		［S1.］	［S2.］	［D.］		
脉冲输出	（D）PLSY/ FNC57	K、H、KnX、 KnY、KnM、KnS、 T、C、D、V、Z		Y0、Y1	16 位：7 步 32 位：17 步	16/32 位指令 连续执行

（2）指令说明。PLSY 指令与 PLSR 相似，只是没有加减速功能而已。图 4-59 所示的是 PLSY 的指令说明。当 X001 为 ON 时，以［S1.］指定的频率，按［S2.］指定的脉冲个数输出，输出端为［D.］指定的输出端。［S1.］的设定范围是 2～20 000 Hz。若为 16 位操作，［S2.］的设定范围是 1～32 767 Hz；若为 32 位操作，［S2.］的设定范围是 1～2 147 483 647 Hz。［D.］用来指定脉冲输出的元件号（Y0 或 Y1）。

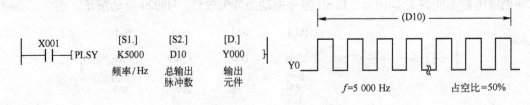

图 4-59　PLSY 指令说明

本指令输出的脉冲信号占空比为 50%。当［S2.］设定的脉冲数输出结束时，执行结束标志继电器 M8029 为 ON。

本指令在程序中只能使用一次，且要选择晶体管输出类型的 PLC。此外，Y0、Y1 输出的脉冲数存入以下特殊数据寄存器：

［D8141，D8140］存放 Y0 的脉冲总数；　［D8143，D8142］存放 Y1 的脉冲总数；［D8137，D8136］存放 Y0 和 Y1 的脉冲数之和。要清除以上数据寄存器的内容，可通过传送指令做到，即用（D）MOV K0 D81XX 可清除。

对于 FX1S、FX1N 系列 PLC 而言，［S1. ］的设定范围是 1 ～ 32 767 Hz（16 位指令），1 ～ 1 000 000 Hz（32 位指令）；［S2. ］和［D. ］系列同上述 FX2N 系列 PLC 的一样。

 任务实施

一、控制要求分析

（1）相关公式。

脉冲数量为：

$$P = \frac{360°}{\theta i}L = \frac{360°}{1.8° \times 10}L = 20L$$

式中　θ——电动机步距角，取 1.8°；

　　　i——滚珠丝杆的螺距，取 10 mm；

　　　L——行程。

最高频率为：

$$f = \frac{360°}{\theta i}v = \frac{360°}{1.8° \times 10}v = 20v$$

式中　v——运动速度。

加减速时间应满足下式：

$$\frac{90\,000 \times 5}{[S1.]} \leqslant [S3.] \leqslant \frac{[S2.] \times 818}{[S1.]}$$

（2）根据已知数据和以上公式，可计算得到如下结果：

① 机械手臂上行 150 mm，输出脉冲数为：

$$P = 20L = 20 \times 150 = 3\,000 \text{ 个}$$

最高频率为：

$$f = 20v = 20 \times 100 = 2\,000 \text{ Hz}$$

$$加减速时间 = \left(\frac{90\,000 \times 5}{2\,000} \sim \frac{3\,000 \times 818}{2\,000}\right) = (225 \sim 1\,227)\,\text{ms}$$

② 机械手臂下行 300 mm，输出脉冲数为：

$$P = 20L = 20 \times 300 = 6\,000 \text{ 个}$$

最高频率为：

$$f = 20v = 20 \times 150 = 3\,000 \text{ Hz}$$

$$加减速时间 = \left(\frac{90\,000 \times 5}{3\,000} \sim \frac{6\,000 \times 818}{3\,000}\right) = (150 \sim 1\,636)\,\text{ms}$$

二、系统设计

（1）系统 I/O 地址分配。根据分析结果，对输入设备（4 个）和输出设备（2 个）进行地址分配，I/O 地址分配如表 4-35 所示。

表 4-35 I/O 地址分配表

类　型	元件名称	地　址	作　用
输入	按钮 SB1	X1	启动
	按钮 SB2	X2	停止
	行程开关 SQ1	X3	上限位
	行程开关 SQ2	X4	下限位
输出	脉冲输出端 CP	Y0	脉冲输出端
	方向端 DIR	Y2	换向信号

（2）系统程序。根据 I/O 地址分配和控制要求，编写 PLC 程序，如图 4-60 所示。

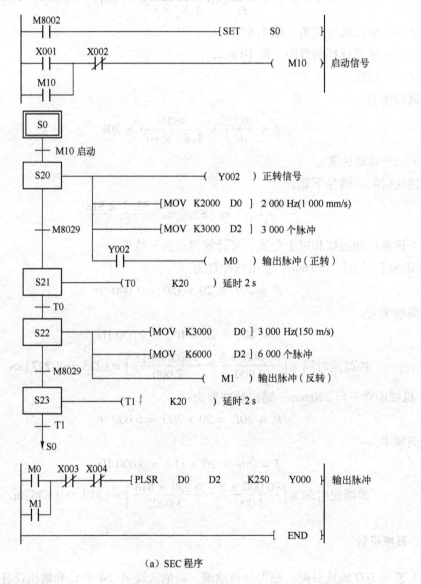

（a）SEC 程序

图 4-60　系统程序

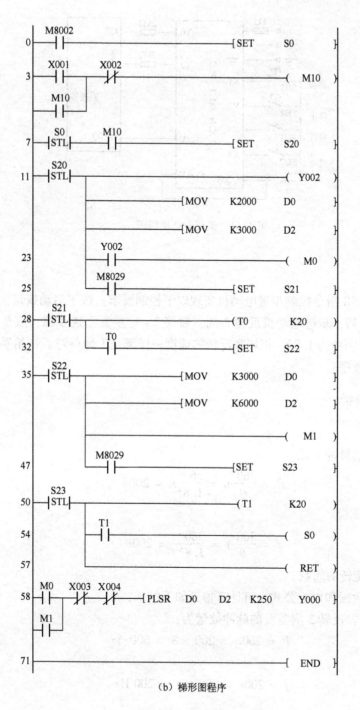

(b) 梯形图程序

图 4-60 系统程序（续）

（3）系统 I/O 接线图，如图 4-61 所示。

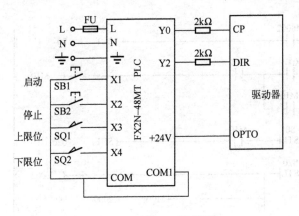

图 4-61　系统 I/O 接线图

 知识拓展

利用 PLC 的 PLSR 指令控制步进电动机实现以下控制要求：按下启动按钮，步进电动机正转 3 周，暂停 2 s 后，步进电动机反转 3 周，暂停 2 s 后重复上述步骤，直至按下停止按钮。（步进电动机步距角为 1.8°，正转和反转的速度一样都是 1 周/秒）。试给系统的 I/O 分配地址并画出控制程序。

一、控制要求分析

（1）相关公式。

旋转 n 周需要的脉冲个数：

$$P = \frac{360°}{\theta}n = \frac{360°}{1.8°}n = 200n$$

频率为：

$$f = \frac{360°}{\theta}v = \frac{360°}{1.8°}v = 200v$$

式中　v ——每秒旋转的周数。

（2）根据已知数据和以上公式，可计算得到如下结果：

步进电动机正转/反转 3 周需要的脉冲数量为：

$$P = 200n = 200 \times 3 = 600 \text{ 个}$$

频率为：

$$f = 200v = 200 \times 1 = 200 \text{ Hz}$$

二、系统设计

（1）系统 I/O 地址分配。根据分析结果，对输入设备（2 个）和输出设备（2 个）进行地址分配，I/O 地址分配如表 4-36 所示。

表 4-36 I/O 地址分配表

类　型	元件名称	地　址	作　用
输入	按钮 SB1	X1	启动
	按钮 SB2	X2	停止
输出	脉冲输出端 CP	Y0	脉冲输出端
	方向端 DIR	Y2	换向信号

（2）系统程序。根据 I/O 地址分配和控制要求，编写 PLC 程序，如图 4-62 所示。

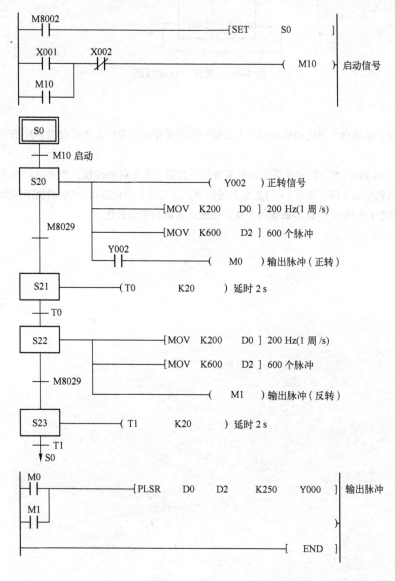

图 4-62 系统程序

（3）系统 I/O 接线图，如图 4-63 所示。

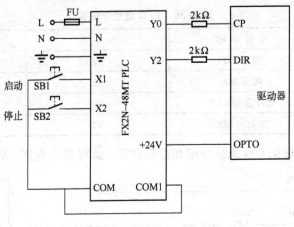

图 4-63　系统 I/O 接线图

 练习题

1. 本任务中，系统由步进电动机控制，不需要行程开关定位，为什么还要设置 SQ1 和 SQ2？去掉可以吗？试说明原因。

2. 利用 PLC 的 PLSR 指令控制步进电动机实现以下控制，按下启动按钮，步进电动机正转 5 周，暂停 3 s 后，步进电动机反转 5 周，暂停 3 s 后重复上述步骤，直至按下停止按钮。（电动机步距角为 1.8°，正转和反转的速度都是 1.5 周/s）。试给系统的 I/O 分配地址并画出控制程序。

项目五　PLC 与变频器

学习目标

- 认识三菱通用变频器。
- 能够利用变频器实现电动机多速控制。

任务一　电动机的正反转变频调速

任务导入

在许多场合，特别是工矿企业中，常常根据设备运行的需要进行电动机的变频控制和速度的无级调整，因此掌握变频器基本控制显得尤为重要。

知识链接

一、变频器简介

变频器（VVVF）是把工频（50 Hz 或 60 Hz）电源变换成各种频率的交流电源，以实现电动机的变速运行的设备，其中控制电路完成对主电路的控制，整流电路将交流电变换成直流电，直流中间电路对整流电路的输出进行平滑滤波，逆变电路将直流电再逆变成交流电。对于如矢量控制变频器这种需要大量运算的变频器来说，有时还需要一个进行转矩计算的CPU以及一些相应的电路。

1. 使用变频器的理由

（1）降低启动电流，延长电动机寿命。

（2）减小对电网电压的影响，从而减少对同一供电网络中的对电压敏感的设备出现故障跳闸或工作异常。

（3）能够零速启动并按照用户的需要进行柔性的调速，而且其调速曲线也可以选择（直线加速、S 形加速或者自动加速）。从而大幅减小机械部分轴或齿轮变速运行时产生的振动。

（4）多种控制方式选择。

（5）节能。

2. 变频器的分类

（1）按照主电路工作方式分类，可以分为电压型变频器和电流型变频器；

（2）按照开关方式分类，可以分为 PAM 控制变频器、PWM 控制变频器和高载频 PWM

控制变频器；

（3）按照工作原理分类，可以分为 V/f 控制变频器、转差频率控制变频器和矢量控制变频器等；

（4）按照用途分类，可以分为通用变频器、高性能专用变频器、高频变频器、单相变频器和三相变频器等。

二、变频器中常用的控制方式

（1）非智能控制方式。在交流变频器中使用的非智能控制方式有 V/f 协调控制、转差频率控制、矢量控制、直接转矩控制等。

（2）智能控制方式。智能控制方式主要有神经网络控制、模糊控制、专家系统、学习控制等。在变频器的控制中采用智能控制方式，这在具体应用中有一些成功的范例。

三、通用变频器的结构和接线端

下面以三菱 FR–E740–1.5K 为例，介绍通用变频器的结构、接线端。

（1）变频器控制面板功能说明。三菱 FR–E740–1.5K 变频器的外形，如图 5–1（a）所示。

三菱 FR–E740–1.5K 变频器的控制面板如图 5–1（b）所示，其各部分名称及功能如表 5–1 所示。

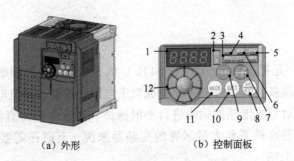

（a）外形　　　　（b）控制面板

图 5–1　FR–E740–1.5K 变频器

表 5–1　控制面板功能说明

序　号	名　称	功　能	说　明
1	监视器（4 位 LED）	显示频率、参数编号等	
2	单位显示	Hz：显示频率时亮灯 A：显示电流时亮灯 显示电压时灭灯	显示 Hz，A 以外的内容时一齐熄灭
3	运行模式显示	PU：PU 运行模式时亮灯 EXT：外部运行模式时亮灯 NET：网络运行模式时亮灯	初始设定状态下，在电源 ON 时点亮
4	运行状态显示	正转运行中 缓慢闪烁（1.4 s 循环） 反转运行中 快速闪烁（0.2 s 循环）	正转运行中、反转运行中，按运行或输入启动指令时无法运行
5	参数设定模式显示	参数设定模式时亮灯	

序 号	名 称	功 能	说 明
6	监视器显示	监视模式时亮灯	
7	停止运行	停止运转指令	保护功能（严重故障）生效时，可以进行报警复位
8	运行模式切换	用于切换 PU/EXT（外部）运行模式	加电时默认 EXT 运行模式
9	启动指令	通过 Pr. 40 设定，可选择旋转方向	
10	各设定的确定	运行中按此键则监视器出现显示	
11	模式切换	用于切换各设定模式，和 PU/EXT 同时按下也可以用来切换运行模式	长按此键（2 s）可以锁定操作
12	M 旋钮	用于变更频率设定、参数的设定值	监视模式时的设定频率 校正时的当前设定值 报警历史模式时的顺序

（2）变频器的接线端。三菱 FR – E740 – 1.5K 变频器的主回路接线端子示意图，如图 5-2 所示。

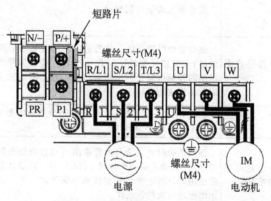

图 5-2 主回路接线端子示意图

三菱 FR – E740 – 1.5K 变频器的控制回路接线端子示意图，如图 5-3 所示。输入和输出端子功能说明如表 5-2 和表 5-3 所示。

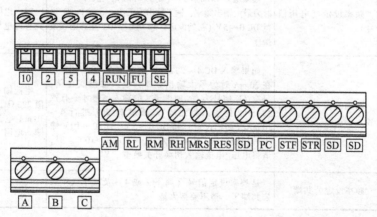

图 5-3 控制回路接线端子示意图

表 5-2　输入端子说明

种类	端子记号	端子名称	功能说明		额定规格
接点输入	STF	正转启动	STF 信号 ON 时为正转，OFF 时为停止指令	STF、STR 信号同时 ON 时变成停止指令	输入电阻 4.7 kΩ 开路时电压 DC 21～26 V；短路时电压 DC 4～6 mA
	STR	反转启动	STR 信号 ON 时为反转，OFF 时为停止指令		
	RH、RM、RL	多段速度选择	用 RH、RM 和 RL 信号的组合可以选择多段速度		
	MRS	输出停止	MRS 信号 ON（20 ms 以上）时，变频器输出停止，用电磁制动停止电动机时用于断开变频器的输出		
	RES	复位	复位用于解除保护回路动作时的报警输出。使 RES 信号处于 ON 状态 0.1 s 或以上，然后断开。初始设定为始终可进行复位。但进行了 Pr.75 的设定后仅在变频器报警发生时才可进行复位。复位所需时间约为 1 s		
	SD	接点输入公共端（漏型）（初始设定）	接点输入端子（漏型逻辑）		
		外部晶体管公共端（源型）	源型逻辑时当连接晶体管输出（即集电极开路输出），例如可编程控制器（PLC），将晶体管输出用的外部电源公共端接到该端子时，可以防止因漏电引起的误动作		
		DC 24 V 电源公共端	DC 24 V 0.1 A 电源（端子 PC）的公共输出端子与端子 5 及端子 SE 绝缘		
	PC	外部晶体管公共端（漏型）（初始设定）	漏型逻辑时当连接晶体管输出（即集电极开路输出），例如可编程控制器（PLC）时，将晶体管输出用的外部电源公共端接到该端子时，可以防止因漏电引起的误动作		电源电压范围 DC 22～26 V 容许负载电流 100 mA
频率设定	10	频率设定用电源	作为外接频率设定（速度设定）用电位器时的电源使用		DC 5 V ±0.2 V 容许负载电流 10 mA
	2	频率设定（电压信号）	如果输入 DC 0～5 V（或 0～10 V），在 5 V（10 V）时为最大输出频率，输入输出成正比。通过 Pr.73 进行 DC 0～5 V（初始设定）和 DC 0～10 V 输入的切换操作		输入电阻 10 kΩ ±1 kΩ 最大容许电压 DC 20 V
	4	频率设定（电流信号）	如果输入 DC 4～20 mA（或 0～5 V，0～10 V），在 20 mA 时为最大输出频率，输入输出成比例。只有 AU 信号为 ON 时端子 4 的输入信号才会有效（端子 2 的输入将无效）。通过 Pr.267 进行 4～20 mA（初始设定）和 DC 0～5 V、DC 0～10 V 输入的切换操作。电压输入（0～5 V/0～10 V）时，请将电压/电流输入切换开关换至"V"		电流输入的情况下输入电阻 233 Ω ±5 Ω 最大容许电流 30 mA 电压输入的情况下：输入电阻 10 kΩ ±1 kΩ
	5	频率设定公共端	是频率设定信号（端子 2 或 4）及端子 AM 的公共端子。请不要接大地		

注：⊠⊠⊠ 灰底表示可通过参数设置来修改其对应功能。（详见用户手册）

表5-3　输出端子说明

继电器	A、B、C	继电器输出（异常输出）	指示变频器因保护功能动作时输出停止的1c接点输出。异常时：B－C间不导通（A－C间导通）；正常时：B－C间导通（A－C间不导通）	接点容量 AC 230 V　0.3 A 功率因数 = 0.4 DC 30 V　0.3 A
集电极开路	RUN	（多功能端子）0时：变频器正在运行	变频器输出频率为启动频率（初始值 0.5 Hz）或以上时为低电平，正在停止或正在直流制动时为高电平	容许负载 DC 24 V（最大 DC 27 V）0.1 A（ON 时最大电压降 3.4 V）
	FU	（多功能端子）1时：频率检测	输出频率为任意设定的检测频率以上时为低电平，未达到时为高电平	
	SE	集电极开路输出公共端	端子 RUN、FU 的公共端子	
模拟	AM	模拟电压输出	可以从多种监示项目中选一种作为输出。输出信号与监示项目的大小成比例。	输出项目：输出频率（初始设定）	输出信号 DC 0～10 V 许可负载电流 1 mA（负载阻抗 10 kΩ 以上）分辨率 8 位

注：×××灰底表示可通过参数设置来修改其对应功能。（详见用户手册）

四、变频器的简单参数设置

变频器的常用参数说明（详细参数说明与设定请参考用户手册）如表5-4所示。

表5-4　常用参数说明

功　能	参数代码	单　位	初　始　值	范　围	内容说明
上限频率	Pr.1	0.01 Hz	120 Hz	0～120 Hz	输出频率的上限
下限频率	Pr.2	0.01 Hz	0 Hz	0～120 Hz	输出频率的下限
额定频率	Pr.3	0.01 Hz	50 Hz	0～400 Hz	确认电动机的额定铭牌
额定频率电压	Pr.19	0.1 V	9 999	0～1 000 V	根据电动机额定电压设定
				8 888	8 888：电源电压的95%
				9 999	9 999：电源电压
通过多段速设定运行	Pr.4	0.01 Hz	50 Hz	0～400 Hz	RH－ON 时的频率
	Pr.5	0.01 Hz	30 Hz	0～400 Hz	RM－ON 时的频率
	Pr.6	0.01 Hz	10 Hz	0～400 Hz	RL－ON 时的频率
加减速时间的设定	Pr.7	0.1 s	5 s	0～3 600 s	根据变频器容量不同而不同
	Pr.8	0.1 s	5 s	0～3 600 s	
过电流保护	Pr.9	0.01 A	变频器额定电流	0～500 A	对于 0.75 kW 以下的产品，应设定为变频器额定电流的85%
运行模式的选择	Pr.79	1	0	0	外部/PU 切换模式
				1	PU 运行模式固定
				2	外部运行模式固定
				3	外部/PU 组合运行模式 1
				4	外部/PU 组合运行模式 2
				6	切换模式
				7	外部运行模式（PU 运行互锁）

续表

功　能	参数代码	单　位	初　始　值	范　围	内 容 说 明	
用户参数组功能	Pr.160	1	0	0	显示所有参数	
				1	只显示注册到用户参数组的参数	
				9 999	只显示简单模式的参数	
操作面板的动作选择（M 旋钮）	Pr.161	1	0	0	频率设定模式	键盘锁定模式无效
				1	电位器模式	
				10	频率设定模式	键盘锁定模式有效
				11	电位器模式	
输入端子的功能分配	Pr.178	1	60	参照手册	STF：正转运行	
	Pr.179	1	61	参照手册	STR：反转运行	
	Pr.180	1	0	参照手册	RL：低速运行	
	Pr.181	1	1	参照手册	RM：中速运行	
	Pr.182	1	2	参照手册	RH：调速运行	
	Pr.183	1	23	参照手册	MRS：输出停止	
	Pr.184	1	62	参照手册	RES：变频器复位	
	Pr.190	1	0	参照手册	RUN：变频器运行中	
	Pr.191	1	4	参照手册	FU：频率到达	

 任务实施

一、变频器的基本控制

1. 外围接线

变频器的外围接线图，如图 5-4 所示。

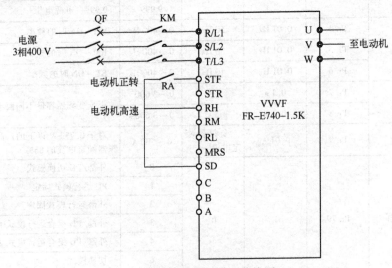

图 5-4　变频器的外围接线图

2. 控制电路

变频器的控制电路图，如图 5-5 所示。

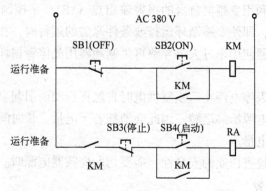

图 5-5　控制电路图

3. 元器件

变频器的元器件列表及说明，如表 5-5 所示。

表 5-5　元器件列表及说明

序　号	符　号	名　称	型　号	功能作用
1	VVVF	变频器	FR - E740 - 1.5K	变频调速
2	QF	断路器	DZ47 - 60 - 20A	进电源开关
3	KM	电磁接触器	CJX1 - 22/22 - AC380V	变频器电源控制
4	SB1	按钮	LA39 - 11	运行准备停止
5	SB2	按钮	LA39 - 11	运行准备启动
6	SB3	按钮	LA39 - 11	输出停止控制
7	SB4	按钮	LA39 - 11	输出正转控制
8	RA	中间继电器	MY4NJ	控制电动机正转
9	STF	正转启动	FR - E740 - 1.5K	变频器正转启动
10	SD	启动公共端	FR - E740 - 1.5K	启动公共端

二、案例分析与讨论

1. 电路分析

主回路电源经断路器 QF、电磁接触器 KM＊给变频器的进电源端 R\S\T，经变频器调速控制后由变频器输出端 U\V\W 送至电动机。

控制回路由运行准备和控制两部分组成。

运行准备电路是在断路器 QF 之后加一个接触器，通过控制接触器来给变频器供电。

控制回路首先指定变频器的输出频率，再通过中间继电器 RA 的常开触点来控制变频器的正转启动 STF 的导通与分断达到控制电动机启动的目的。

"＊"在变频器输入侧设置 KM 的作用：

（1）变频器保护功能动作时，或驱动装置异常时（紧急停止操作等）需要把变频器与电源断开的情况下可以利用变频器自身的报警输出点 A\B\C 来控制接触器的线圈。例如在连接制动电阻器选件后，即使实施循环运行或条件恶劣的运行时，在因制动用放电电阻器的热容量不足、再生制动器使用率过大等导致再生制动器用晶体管损坏时，希望能够防止放电电阻器的过热、烧损。

（2）为防止变频器因停电停止后恢复供电时自然再启动而引起事故时。

（3）变频器用控制电源始终运转，因此会消耗若干电量。长时间停止变频器时切断变频器的电源可节省一定的电量。

（4）为确保维护、检查作业的安全性，需要切断变频器电源时。

2. 变频器的参数设置

（1）接线完成后合上 QF。

（2）按下 SB1 按钮给变频器加电，做好运行准备。

（3）变频器加电后显示频率监视画面（EXT 灯亮）。

（4）按 PU/EXT 键，选择面板操作 PU 运行模式（PU 灯亮）。

（5）按 MODE 键进入参数设定。

（6）调节旋钮 M 选择所要设定的参数编号（出现 Pr. -- ）。

（7）按 SET 键确认要读取的参数编号。

（8）Pr. 1 时调节旋钮 M 至上限频率为 50 Hz（初始值为 120 Hz）。

（9）按 SET 键确认要选择的参数值，按 SET 键进入下一个参数（或按 MODE 键返回参数设定，调节旋钮 M 选择要设置的参数编号）以下类推。

（10）Pr. 2 时调节旋钮 M 至下限频率为 0 Hz（初始值为 0 Hz）。

（11）Pr. 3 确认电动机的额定铭牌与设定频率相同（初始值为 50 Hz）。

（12）Pr. 4 确定电动机高速运行时的频率 RH（初始值为 50 Hz）。

（13）Pr. 7 时调节旋钮 M 至加速时间为所需要的时间（初始值为 5 s）当电动机功率大于 3.7 kW 时加速时间设定为 10 s。

（14）Pr. 8 时调节旋钮 M 至减速时间为所需要的时间（初始值为 5 s）当电动机功率大于 3.7 kW 时减速时间设定为 10 s。

（15）Pr. 9 时调节旋钮 M 至电动机额定电流参数（初始值为变频器额定电流）。

（16）Pr. 161 时调节旋钮 M 至 10 或 11（PU 操作面板锁定预设）。

（17）其他参数根据需要进行设置（参考变频器用户手册）

（18）按 MODE 键返回参数设定，再次按 MODE 键退出参数设定，返回频率监视画面完成参数设置。

（19）按 PU/EXT 键，选择外部操作 EXT 运行模式（EXT 灯亮）。

（20）长按 MODE 键 2 s，锁定操作面板，使调节旋钮 M、操作键盘无效（解锁时长按 2 s）

（21）试运行。

注意事项：当需要重新接线时，一定要等到变频器右下角的电荷指示灯灭掉（变频器内部放电完成）才可以进行，以免电击。

 知识拓展

在许多场合，特别是工矿企业中，常常根据设备运行的需要进行正反转的变频控制，因此掌握变频器基本控制显得尤为重要。

一、变频器的正反转控制

1. 外围接线

变频器外围接线图，如图 5-6 所示。

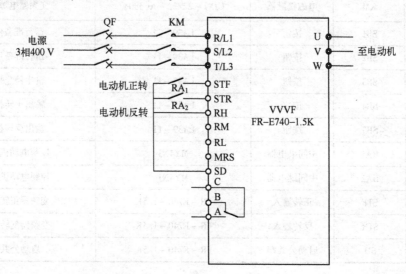

图 5-6　变频器外围接线图

2. 控制电路

变频器的控制电路图，如图 5-7 所示。

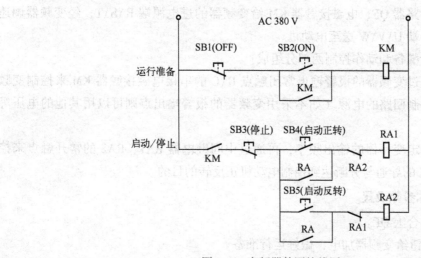

图 5-7　变频器外围接线图

3. 元器件

变频器的元器件列表及说明，如表 5-6 所示。

表 5-6 元器件列表及说明

序 号	符 号	名 称	型 号	功能作用
1	VVVF	变频器	FR - E740 - 1.5K	变频调速
2	QF	断路器	DZ47 - 60 - 20A	进电源开关
3	KM	电磁接触器	CJX1 - 22/22 - AC380V	变频器电源控制
4	SB1	按钮	LA39 - 11	运行准备停止
5	SB2	按钮	LA39 - 11	运行准备启动
6	SB3	按钮	LA39 - 11	输出停止控制
7	SB4	按钮	LA39 - 11	输出正转控制
8	SB5	按钮	LA39 - 11	输出反转控制
9	RA1	中间继电器	MY4NJ	控制电动机正转
10	RA2	中间继电器	MY4NJ	控制电动机反转
11	STF	正转输入	FR - E740 - 1.5K	变频器正转启动
12	STR	反转输入	FR - E740 - 1.5K	变频器反转启动
13	SD	启动公共端	FR - E740 - 1.5K	启动公共端

二、案例分析与讨论

1. 电路分析

主回路电源经断路器 QF、电磁接触器 KM 给变频器的进电源端 R\S\T，经变频器调速控制后由变频器输出端 U\V\W 送至电动机。

控制回路由运行准备和动作控制两部分组成：

运行准备电路通过变频器的报警输出常闭触点 B\C 的串接电磁接触器 KM 来控制变频器的电源的通断和控制回路的电源（如不采用变频器的报警输出点则可以用其他的电压等级进行电路控制）。

控制回路首先指定变频器的输出频率，再通过中间继电器 RA1、RA2 的常开触点来控制变频器的 STF\STR 的导通与分断达到控制电动机正反转的目的。

2. 变频器的基本参数设置。

（1）接线完成后合上 QF。

（2）按下 ON 按钮给变频器加电，做好运行准备。

（3）变频器加电后显示频率监视画面（EXT 灯亮）。

（4）按 PU/EXT 键，选择面板操作 PU 运行模式（PU 灯亮）。

（5）按 MODE 键进入参数设定。

（6）调节旋钮 M 选择所要设定的参数编号（出现 Pr. − −）。

（7）按 SET 键确认要读取的参数编号。

（8）Pr. 1 时调节旋钮 M 至上限频率为 50 Hz（初始值为 120 Hz）。

（9）按 SET 键确认要选择的参数值，按 SET 键进入下一个参数（或按 MODE 键返回参数设定，调节旋钮 M 选择要设置的参数编号），以下类推 。

（10）Pr. 2 时调节旋钮 M 至下限频率为 0 Hz（初始值为 0 Hz）。

（11）Pr. 7 时调节旋钮 M 至加速时间为所需要的时间（初始值为 5 s）。

（12）Pr. 8 时调节旋钮 M 至减速时间为所需要的时间（初始值为 5 s）。

（13）Pr. 9 时调节旋钮 M 至电动机额定电流参数（初始值为变频器额定电流）。

（14）Pr. 161 时调节旋钮 M 至 10 或 11（PU 操作面板锁定预设）。

（15）其他参数根据需要进行设置（参考变频器用户手册）。

（16）按 MODE 键返回参数设定，再次按 MODE 键退出参数设定，返回频率监视画面。完成参数设置。

（17）按 PU/EXT 键，选择外部操作 EXT 运行模式（EXT 灯亮）。

（18）长按 MODE 键 2 s，锁定操作面板，使调节旋钮 M、操作键盘无效（解锁时长按 2 s）。

（19）试运行。

练习题

如何用 PLC 实现电动机的正反转变频控制？请画出主电路、PLC 接口图及程序并根据实际应用来设置变频器参数。

任务二　PLC 与变频器实现电动机多速控制

任务导入

设备运行时往往需要进行多种速度的控制，因此掌握变频器多速控制至关重要。

知识链接

变频器除了 RH、RM、RL 三个常用的频率设置以外，通过 RH、RM、RL 和 REX 的不同组合可以设置 0～15 段速的不同变化。组合与速度示意图如图 5-8 所示，组合与速度的对应表如表 5-7 所示。

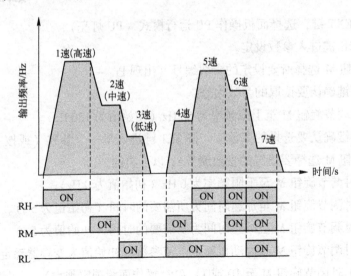

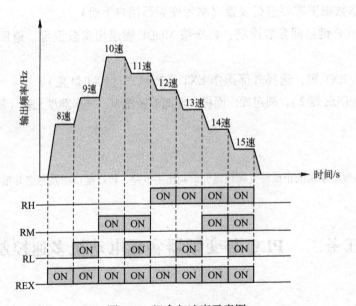

图 5-8　组合与速度示意图

表 5-7　组合与速度对应表

参数编号	名　称	初始值	设定范围	说　明
4	多段速设定（高速）	50 Hz	0～400 Hz	HR 为 NO 时的频率
5	多段速设定（中速）	30 Hz	0～400 Hz	RM 为 NO 时的频率
6	多段速设定（低速）	10 Hz	0～400 Hz、9 999	RL 为 NO 时的频率
24 *	多段速设定（4 速）	9 999	0～400 Hz、9 999	通过 RH、RM、RL、REX 信号的组合可以进行 4～7 段速的频率设定；9 999 表示未选择
25 *	多段速设定（5 速）	9 999	0～400 Hz、9 999	
26 *	多段速设定（6 速）	9 999	0～400 Hz、9 999	
27 *	多段速设定（7 速）	9 999	0～400 Hz、9 999	

参数编号	名 称	初 始 值	设 定 范 围	说 明
232 *	多段速设定（8 速）	9 999	0～400 Hz、9 999	
233 *	多段速设定（9 速）	9 999	0～400 Hz、9 999	
234 *	多段速设定（10 速）	9 999	0～400 Hz、9 999	
235 *	多段速设定（11 速）	9 999	0～400 Hz、9 999	通过 RH、RM、RL 和 REX 的组合可以进行 8～15 段速的频率设定；9 999 表示未选择
236 *	多段速设定（12 速）	9 999	0～400 Hz、9 999	
237 *	多段速设定（13 速）	9 999	0～400 Hz、9 999	
238 *	多段速设定（14 速）	9 999	0～400 Hz、9 999	
239 *	多段速设定（15 速）	9 999	0～400 Hz、9 999	

　　* 当 Pr. 160 = 0 时可以设定，更改 Pr. 178～184（SRF、STR、RL、RM、RH、MRS、RES）其中空余的输入端的值为 8 时可以设定为 REX。

　　变频器上还有许多输入/输出的常用功能：

　　如：A、B、C 继电器输出（异常输出）、MRS 停止输出、RES 复位、RUN 多功能端子等。

　　在实际运用时利用变频器本身的功能端子，可以对变频器进行多种保护，更方便地进行直接控制、RUN 多功能端子通过设置可以改变功能（如：Pr. 190 = 1 时为 SU，表示其功能为频率到达时动作，再调整 Pr. 41 预设到达动作时频率的百分比，如 95% 则频率上升到 48 Hz 时动作频率到达值的%；Pr. 190 = 4 时为 FU，表示其功能为频率检测等）。

 任务实施

　　认识外围元件、PLC 与外围元件的连接、PLC 的运行与调试，以及变频器参数的设置。

一、用 PLC 对变频器三级调速的控制。

1. PLC 外围接线

PLC 外围接线图，如图 5-9 所示。

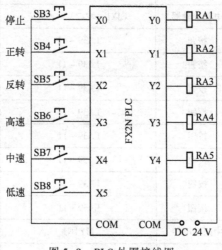

图 5-9　PLC 外围接线图

2. 变频器外围接线

变频器外围接线图，如图 5-10 所示。

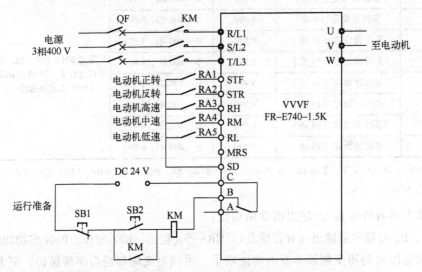

图 5-10　变频器外围接线图

3. 元器件

元器件列表及说明，如表 5-8 所示。

表 5-8　元器件列表及说明

序　号	符　号	名　称	型　号	功 能 作 用
1	PLC	可编程控制器	FX - 1N - 40MR	正反转多速控制
2	VVVF	变频器	FR - E740 - 1.5K	变频调速
3	QF	断路器	DZ47 - 60 - 20A	进电源开关
4	KM	电磁接触器	CJX1 - 22/22 - DC24V	变频器电源控制
5	SB1	按钮	LA39 - 11	运行准备停止
6	SB2	按钮	LA39 - 11	运行准备启动
7	SB3	按钮	LA39 - 11	输出停止控制
8	SB4	按钮	LA39 - 11	输出正转控制
9	SB5	按钮	LA39 - 11	输出反转控制
10	SB6	按钮	LA39 - 11	输出高速控制
11	SB7	按钮	LA39 - 11	输出中速控制
12	SB8	按钮	LA39 - 11	输出低速控制
13	RA1	中间继电器	MY4NJ	控制电动机正转
14	RA2	中间继电器	MY4NJ	控制电动机反转

序　号	符　号	名　称	型　号	功能作用
15	RA3	中间继电器	MY4NJ	控制电动机高速
16	RA4	中间继电器	MY4NJ	控制电动机中速
17	RA5	中间继电器	MY4NJ	控制电动机低速
18	A	报警输出	FR－E740－1.5K	常开触点
19	B	报警输出	FR－E740－1.5K	常闭触点
20	C	报警输出	FR－E740－1.5K	公共端
21	STF	正转输入	FR＊E740－1.5K	变频器正转启动
22	STR	反转输入	FR－E740－1.5K	变频器反转启动
23	RH	高速输入	FR－E740－1.5K	变频器高速启动
24	RM	中速输入	FR－E740－1.5K	变频器中速启动
25	RL	低速输入	FR－E740－1.5K	变频器低速启动
26	SD	启动公共端	FR－E740－1.5K	启动公共端

二、案例分析与讨论

1. 电路分析

主回路电源经断路器 QF、电磁接触器 KM＊给变频器的进电源端 R\S\T，经变频器调速控制后由变频器输出端 U\V\W 送至电动机。

控制回路由运行准备和动作控制两部分组成：

运行准备电路通过变频器的报警输出常闭点 B\C 串接电磁接触器 KM 线圈来控制变频器的电源的通断和控制回路的电源。

正反转控制回路由 PLC 通过输出中间继电器 RA1、RA2 的常开触点来控制变频器的 STF\STR 的导通与分断达到控制电动机正反转的目的；同时通过输出继电器 RA3、RA4、RA5 的常开触点来选择高、中、低速的运行方式：

按下按钮 SB4，PLC 输出 Y000，RA1 导通，电动机正转被设定；由于互锁，按钮 SB5 按下无效。

按下按钮 SB3，停止 Y000、Y1 输出，并延时 5 s（电动机加、减速时间需小于 5 s）。

按下按钮 SB5，PLC 输出 Y000，RA2 导通，电动机反转被设定；由于互锁，按钮 SB4 按下无效。

按下按钮 SB3，停止 Y000、Y001 输出，并延时 5 s。

按下按钮 SB6，PLC 输出 Y002，RA3 导通，高速运行 RH 接通，根据正反转设定方向运行。

按下按钮 SB7，PLC 输出 Y003，RA4 导通，中速运行 RM 接通，根据正反转设定方向运行。

按下按钮 SB8，PLC 输出 Y004，RA5 导通，低速运行 RL 接通，根据正反转设定方向运行。

当电动机处在停止状态时，STF\STR 没有动作，三速控制输入无效。

2. 梯形图

梯形图程序，如图 5-11 所示。

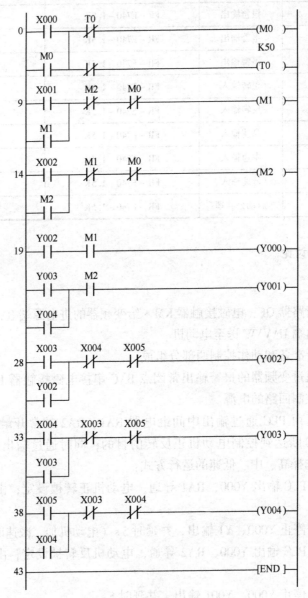

图 5-11　梯形图程序

3. 变频器的基本参数设置

（1）接线完成后合上 QF。

（2）按下 ON 按钮给变频器加电，做好运行准备。

（3）变频器加电后显示频率监视画面（EXT 灯亮）。

（4）按 PU/EXT 键，选择面板操作 PU 运行模式（PU 灯亮）。

（5）按 MODE 键进入参数设定。

（6）调节旋钮 M 选择所要设定的参数编号（出现 Pr. − −）。

（7）按 SET 键确认要读取的参数编号。

（8）Pr. 1 时调节旋钮 M 至上限频率为 50 Hz（初始值为 120 Hz）。

（9）按 SET 键确认要选择的参数值，按 SET 键进入下一个参数（或按 MODE 键返回参数设定，调节旋钮 M 选择要设置的参数编号），以下类推。

（10）Pr. 2 时调节旋钮 M 至下限频率为 0 Hz（初始值为 0 Hz）。

（11）Pr. 4 时调节旋钮 M 至高速频率为所需要的值（初始值为 50 Hz）。

（12）Pr. 5 时调节旋钮 M 至中速频率为所需要的值（初始值为 30 Hz）。

（13）Pr. 6 时调节旋钮 M 至低速频率为所需要的值（初始值为 10 Hz）。

（14）Pr. 7 时调节旋钮 M 至加速时间为所需要的值（初始值为 5 s）。

（15）Pr. 8 时调节旋钮 M 至减速时间为所需要的值（初始值为 5 s）。

（16）Pr. 9 时调节旋钮 M 至电动机额定电流参数（初始值为变频器额定电流）。

（17）Pr. 161 时调节旋钮 M 至 10 或 11（PU 操作面板锁定预设）。

（18）其他参数根据需要进行设置（参考变频器用户手册）。

（19）按 MODE 键返回参数设定，再次按 MODE 键退出参数设定，返回频率监视画面完成参数设置。

（20）按 PU/EXT 键，选择外部操作 EXT 运行模式（EXT 灯亮）。

（21）长按 MODE 键 2 s，锁定操作面板，使调节旋钮 M、操作键盘无效（解锁时长按 2 s）。

（22）试运行。

 知识拓展

一般在变频器的实际运用中，当频率上升至上限 50 Hz（工频）时将进行长时间的运行，直到停止，变频器一直处在工作状态，对变频器的使用寿命有着较大的影响。为减少变频器的负担，可将已经达到 50 Hz 工频运行的电动机切换出来，由市电直接供电，变频器则退出运行，以延长变频器的寿命。

一、案例分析与讨论

认识外围元件、PLC 与外围元件的连接及 PLC 的运行与调试及变频器参数的设置。

用变频器的功能设置和 PLC 来旁通切换电动机正反转的控制电路。

主回路电源经断路器 QF、电磁接触器 KM1 给变频器的进电源端 R\S\T 经调速控制后由变频器输出端 U\V\W、变频器输出隔离电磁接触器 KM2，再送至电动机（KM2 是为防止旁通切换后倒送电造成变频器损坏而设置）。当电动机运行至上限频率 50 Hz 后，切掉 KM1、KM2，同时并上 KM3（正转）或 KM4（反转），电动机由市电供电。

按下按钮 SB1，PLC 接通 X000，输出 Y002、Y003，KM1、KM2 导通，变频器进入准备状态。

按下按钮 SB2，停止所有输出。

正反转控制回路由 PLC 通过中间继电器 RA1、RA2 的常开触点来控制变频器的 STF\STR 的导通与分断达到控制电动机正反转的目的。

按下按钮 SB3，PLC 输出 Y000，电动机正转启动；由于互锁，按钮 SB4 按下无效。

当电动机运行至上限频率后 SU＊（由 RUN 脚参数设置的功能改变）导通，KA3 动作，PLC 的 X004 接通，自动切断 KM1、KM2，延时 0.2 s（防止电磁、机械等滞后因素造成倒送电现象）投入 KM3，开始由市电供电。

按下按钮 SB2，PLC 停止所有输出，并延时 5 s。

按下按钮 SB4，PLC 输出 Y001，RA2 导通，电动机反转启动；由于互锁，按钮 SB4 按下无效。

当电动机运行至上限频率后 SU（由 RUN 脚参数设置的功能改变）导通，KA3 动作，PLC 的 X004 接通，自动切断 KM1、KM2，延时 0.2 s（防止电磁、机械等滞后因素造成倒送电现象）投入 KM4，开始由市电供电。

按下按钮 SB2，PLC 停止所有输出，并延时 5 s。

二、系统设计

（1）PLC 外围接线图，如图 5-12 所示。

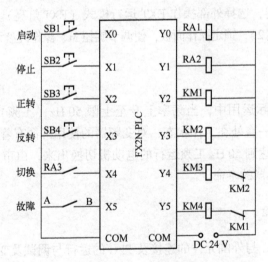

图 5-12　PLC 外围接线图

（2）变频器外围接线图，如图 5-13 所示。

（3）元器件列表及说明，如表 5-9 所示。

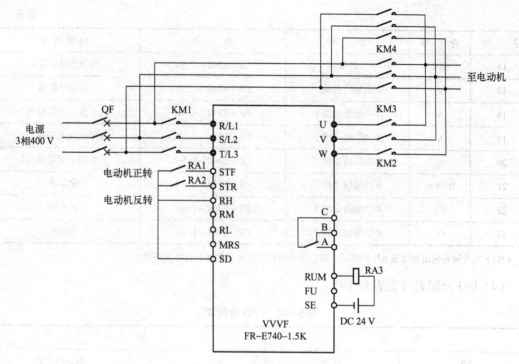

图 5-13　变频器外围接线图

表 5-9　元器件列表及说明

序　号	符　号	名　称	型　号	功 能 作 用
1	PLC	可编程控制器	FX – 1N – 40MR	正反转控制
2	VVVF	变频器	FR – E740 – 1.5K	变频调速
3	QF	断路器	DZ47 – 60 – 20A	进电源开关
4	KM1	电磁接触器	CJX1 – 22/22 – DC24V	变频器电源控制
5	KM2 *	电磁接触器	CJX1 – 22/22 – DC24V	变频器输出隔离控制
6	KM3	电磁接触器	CJX1 – 22/22 – DC24V	电动机旁通正转控制
7	KM4	电磁接触器	CJX1 – 22/22 – DC24V	电动机旁通反转控制
8	SB1	按钮	LA39 – 11	运行准备启动
9	SB2	按钮	LA39 – 11	输出停止控制
10	SB3	按钮	LA39 – 11	输出正转控制
11	SB4	按钮	LA39 – 11	输出反转控制
12	RA1	中间继电器	MY4NJ	控制电动机正转
13	RA2	中间继电器	MY4NJ	控制电动机反转
14	RA3	中间继电器	MY4NJ	频率检测输出
15	STF	正转输入	FR – E740 – 1.5K	变频器正转启动

序　号	符　号	名　称	型　号	功能作用
16	STR	反转输入	FR – E740 – 1.5K	变频器反转启动
17	SD	启动公共端	FR – E740 – 1.5K	启动公共端
18	A	多功能输出端子	FR – E740 – 1.5K	常开点（报警输出）
19	B	多功能输出端子	FR – E740 – 1.5K	常闭点（报警输出）
20	C	多功能输出端子	FR – E740 – 1.5K	公共端（报警输出）
21	RUN *	多功能输出端子	FR – E740 – 1.5K	输入端
22	FU	多功能输出端子	FR – E740 – 1.5K	输入端
23	SE	多功能输出端子	FR – E740 – 1.5K	公共端

KM2 * 在变频器输出侧设置 KM 的作用：防止旁通电路向变频器倒送电损坏变频器。

（4）I/O 分配表（见表 5-10）。

表 5-10　I/O 分配表

输　　　入		输　　　出	
X0	启动	Y0	电动机正转
X1	停止	Y1	电动机反转
X2	正转	Y2	变频器电源
X3	反转	Y3	隔离接触器
X4	切换	Y4	电动机旁通正转
X5	故障	Y5	电动机旁通反转

（5）PLC 程序，如图 5-14 所示。

（6）变频器的基本参数设置

① 接线完成后合上 QF。

② 按下 ON 按钮给变频器加电，做好运行准备。

③ 变频器加电后显示频率监视画面（EXT 灯亮）。

④ 按 PU/EXT 键，选择面板操作 PU 运行模式（PU 灯亮）。

⑤ 按 MODE 进入参数设定。

⑥ 调节旋钮 M 选择所要设定的参数编号（出现 Pr. - -）。

⑦ 按 SET 键确认要读取的参数编号。

⑧ Pr. 1 时调节旋钮 M 至上限频率为 50 Hz（初始值为 120 Hz）。

⑨ 按 SET 键确认要选择的参数值，按 SET 键进入下一个参数（或按 MODE 键返回参数设定，调节旋钮 M 选择要设置的参数编号），以下类推。

⑩ Pr. 2 时调节旋钮 M 至下限频率为 0 Hz（初始值为 0 Hz）。

⑪ Pr. 7 时调节旋钮 M 至加速时间为初始值 5 s。

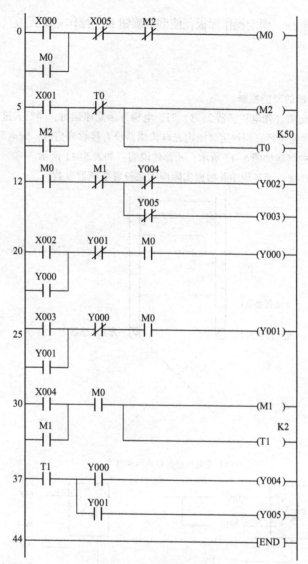

图 5-14 梯形图程序

⑫ Pr. 8 时调节旋钮 M 至减速时间为初始值 5 s。

⑬ Pr. 9 时调节旋钮 M 至电动机额定电流参数（初始值为变频器额定电流）。

⑭ Pr. 41 时调节旋钮 M 至 98%，即频率为 49 Hz。

⑮ Pr. 190 时调节旋钮 M 至 1（0 = RUN 功能改变为 1 = SU 功能），即频率到达时动作（由 Pr. 41 设定值决定）。

⑯ Pr. 161 时调节旋钮 M 至 10 或 11（PU 操作面板锁定预设）。

⑰ 其他参数根据需要进行设置（参考变频器用户手册）。

⑱ 按 MODE 键返回参数设定，再次按 MODE 键退出参数设定，返回频率监视画面。完成参数设置。

⑲ 按 PU/EXT 键，选择外部操作 EXT 运行模式（EXT 灯亮）。

⑳ 长按 MODE 键 2 s，锁定操作面板，使调节旋钮 M、操作键盘无效（解锁时长按 2 s）。

㉑ 试运行。

练习题

1. 如何实现手扶电梯的节能控制？

当行人进入第一道光栅（光电传感器 2、3）时，电梯开始低速运行，当行人进入第二道光栅（光电传感器 1）时，电梯开始中速运行；当规定时间内光电传感器没有接收到信号，则电动机开始减速直到停止。系统布局和光电传感器的接线如图 5-15 所示，元器件说明，如表 5-11 所示。

请画出主电路、PLC 接口图及程序并根据实际应用来设置变频器参数。

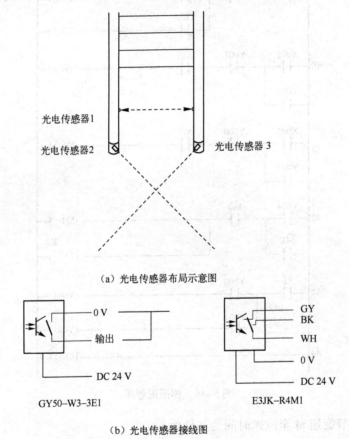

（a）光电传感器布局示意图

（b）光电传感器接线图

图 5-15　系统布局和光电传感器

表 5-11　元器件说明

序　号	符　号	名　称	型　号	功能作用
1	SC1	镜反射型光电传感器	E3JK - R4M1	检测是否进入手扶电梯
2	SC2	漫反射型光电传感器	GY50 - W3 - 3E1	检测是否接近手扶电梯
3	SC3	漫反射型光电传感器	GY50 - W3 - 3E1	检测是否接近手扶电梯

2. 如何实现一个变频器同时控制中央空调的冷却水电动机和冷冻水电动机，并在运行正常后旁通掉？系统示意图如图 5-16 所示。

中央空调运行步骤（不含温度控制部分）：

（1）冷却水泵启动。

（2）2 min 运行正常后启动冷冻水泵。

（3）2 min 运行正常后启动压缩机组。

说明：当变频器带多台电动机时，每台电动机需另加热继电器。

请画出主电路、PLC 接口图及程序并根据实际运用来设置变频器参数。

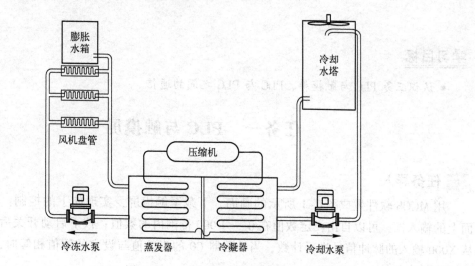

图 5-16 中央空调系统示意图

项目六 PLC 通信

学习目标

● 认识三菱 PLC 与触摸屏、PLC 与 PLC 之间的通信。

任务一 PLC 与触摸屏

任务导入

用 MCGS 软件生成图 6-1 所示的画面，下载至触摸屏，实现如下的控制：通过组态界面上的输入框，可以自由设定数值在 0 ～ 1 000 范围内的数值；按下启动开关后，PLC 将对从 X000 输入的脉冲信号进行计数，当计数器 C0 的当前值与设定的数值相等时，Y000 外接的灯被驱动点亮。

图 6-1　外置数计数器

知识链接

一、MCGS 软件操作

MCGS 全中文工业自动化控制组态软件（以下简称 MCGS 工控组态软件或 MCGS）为用户建立全新的过程控制系统提供了一整套解决方案。MCGS 工控组态软件是一套 32 位工控组态软件，可稳定运行于 Windows95/98/NT/2000/Me/XP 操作系统，集动画显示、流程控制、数据采集、设备控制与输出、网络数据传输、双机热备、工程报表、历史数据与曲线等诸多强大功能于一身，并支持国内外众多数据采集与输出设备，广泛应用于石油、电力、化工、钢铁、矿山、冶金、机械、纺织、航天、建筑、材料、制冷、交通、通信、食品、制造与加工业、水处理、环保、智能楼宇、实验室等多种工程领域。

下面以外置数计数器设计为例，介绍 MCGS 的基本操作。设计的详细步骤有以下几步。

（1）建立 MCGS 新工程。如果已在计算机上安装了"MCGS 组态软件"，在 Windows 桌面上，会有"MCGS 组态环境"与"MCGS 运行环境"图标。双击"MCGS 组态环境"图标，进入图 6-2 所示的 MCGS 组态环境。

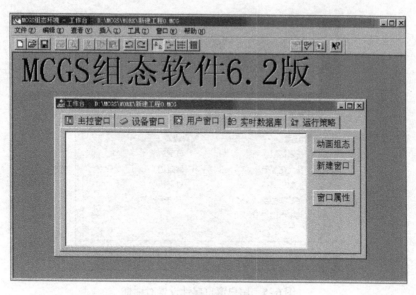

图 6-2　MCGS 组态环境界面

单击"文件"菜单，选择"新建工程"命令，如果 MCGS 安装在 D：根目录下，则会在 D：\MCGS\WORK\下自动生成新建工程，默认的工程名为新建工程 X. MCG（X 表示新建工程的顺序号，如：0、1、2 等。也可以单击"文件"菜单，选择"工程另存为"命令，为新建工程重命名。如图 6-3 所示。

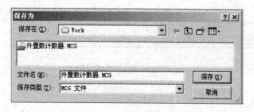

图 6-3　新建工程重命名

（2）建立新画面。在工作台的"用户窗口"选项卡，中单击"新建窗口"按钮，建立"窗口 0"，如图 6-4 所示。

图 6-4　新建用户窗口

选中"窗口0"，单击"窗口属性"按钮，弹出"用户窗口属性设置"对话框，如图6-5所示。将窗口名称和窗口标题文本框中的内容改为"外置数计数器"，单击"确认"按钮确认。

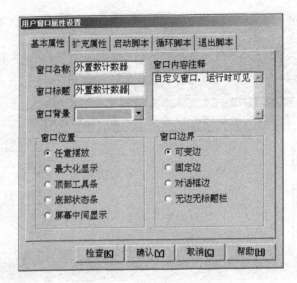

图6-5　用户窗口属性设置对话框

单击"动画组态"按钮，弹出画面编辑窗口，如图6-6所示。

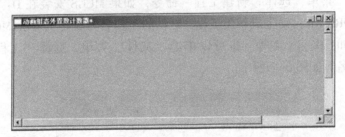

图6-6　画面编辑窗口

① 建立和修改文字框。

a. 单击"工具箱"对话框（图6-7）内的"标签"按钮Ａ，鼠标指针呈"十字"形，在窗口任何位置拖动鼠标，根据需要画出一个一定大小的矩形。

b. 建立矩形框后，光标在其内闪烁，可直接输入"外置数计数器"文字，按【Enter】键或在窗口任意位置单击一下，进行文字输入。（如果用户想改变矩形内的文字，先选中文字标签，按【Enter】键或【Space】键，光标显示在文字起始位置，即可进行文字的修改。）

c. 双击文字框，单击"边线颜色"文本框右侧的下三角按钮，设定为文字框的背景颜色（设为无填充色），如图6-8所示，确

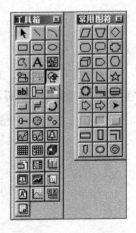

图6-7　工具箱对话框

认后，只显示文字，不显示外框。

d. 单击"字符字体" 按钮可改变文字的字体和大小。具体参数如图 6-9 所示。

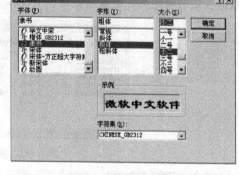

图 6-8 设置文字框的背景颜色

图 6-9 设置文字的格式

用同样的方法建立"请输入计数器设定值"的文字框。

② 添加指示灯。单击工具箱中的"插入元件"按钮，从出现的元件库（见图 6-10）中选中"指示灯 6"，单击"确认"按钮，用户窗口中出现一个指示灯，位置可以通过选中后拖动来调整。

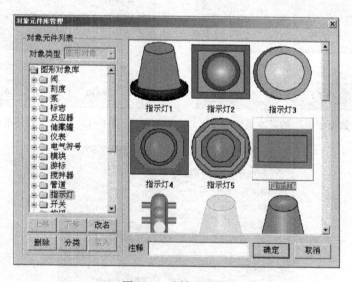

图 6-10 添加指示灯

③ 添加输入框。单击工具箱中的"输入框"按钮，在用户窗口的任何位置拖动鼠标，根据需要画出一个一定大小的矩形输入框。

④ 添加按钮。单击工具箱中的"标准按钮"按钮，在用户窗口的任何位置拖动鼠标，根据需要画出一个一定大小的矩形按钮。

⑤ 添加矩形框。单击工具箱中的"矩形"按钮▭，在用户窗口的任何位置拖动鼠标，根据需要画出一个一定大小的矩形，右击，在弹出的快捷菜单中选择"排列"下的"最后面"命令。调整大小将按钮、输入框和文字提示包含。

（3）建立"实时数据库"。在"实时数据库"选项卡中（见图6-11），单击三次"新增对象"按钮，添加三个变量，然后再单击"对象属性"按钮，按照图6-12、图6-13和图6-14对数据变量进行定义，设置后如图6-15所示。

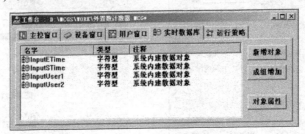

图6-11　实时数据库选项卡

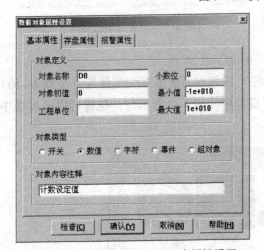

图6-12　"计数设定值"的基本属性设置

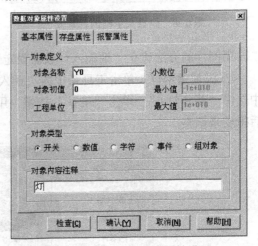

图6-13　"灯"的基本属性设置

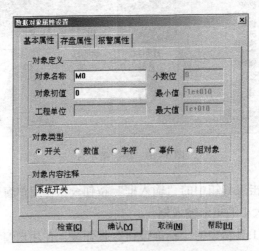

图6-14　系统开关的基本属性设置

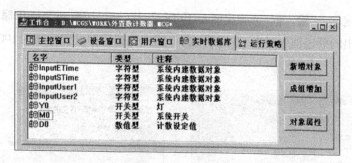

图 6-15 设置后的结果

（4）画面构件属性设置。保存并关闭，在图 6-15 所示的对话框中，切换到"用户窗口"选项卡，双击刚才所建的"外置数计数器"窗口。分别对各个构件的属性进行设置。具体设置如下：

① 按钮。双击该按钮，弹出如图 6-16 所示对话框，按图中内容，设置按钮的基本属性。

切换到"操作属性"选项卡如图 6-17 所示，按图中内容，设置按钮的操作属性，单击 🔢 按钮，弹出图 6-18 所示的列表框双击图中的 M0 选项即可。

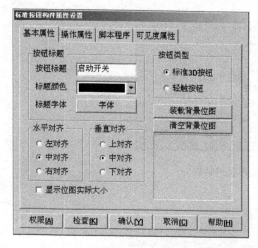

图 6-16 标准按钮基本属性设置

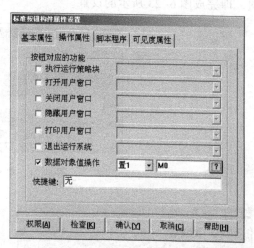

图 6-17 标准按钮操作属性设置

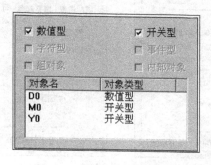

图 6-18 数据对象选择界面

② 输入框。双击"输入框"，弹出图 6-19 所示对话框，切换到"操作属性"选项卡，单击回按钮，在弹出的列表框中双击 D0 选项，再将输入数据范围设置为 0 ～ 1000。如图 6-20 所示。

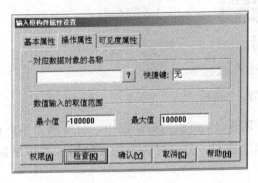

图 6-19 输入框构件属性设置对话框

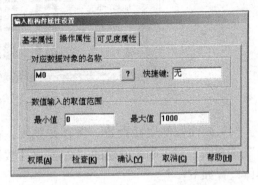

图 6-20 输入框操作属性设置

③ 灯。双击"指示灯"，弹出如图 6-21 所示对话框，单击回按钮，选中"可见度"选项如图 6-22 所示。切换到"可见度"选项卡，单击回按钮，在弹出的列表框中双击 Y0 选项，即完成图 6-23 所示的设置。

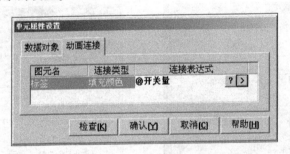

图 6-21 单元属性设置对话框

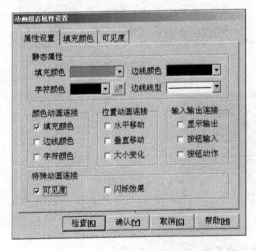

图 6-22 "灯"属性设置

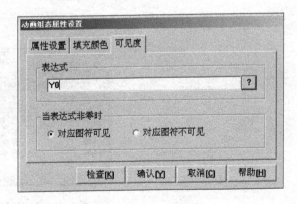

图 6-23 可见度设置

（5）设备窗口属性设置。在组态工作台界面中，用切换到"设备窗口"选项卡（见图6-24），双击"设备窗口"图标进入设备组态窗口，如图6-25所示。

图6-24 设备窗口选项卡

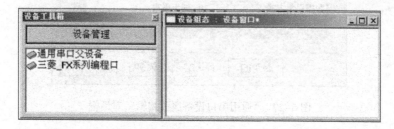

图6-25 设备组态窗口

若在设备工具箱中没有"通用串口设备"，"三菱_FX系列编程口"两项，则可以通过单击"设备管理"按钮，然后双击"通用串口父设备"和"三菱_FX系列编程口"，"确认"后即可。

① 添加父设备。选中设备工具箱中的"通用串口父设备"，并拖动至右边的设备窗口内（见图6-26）。

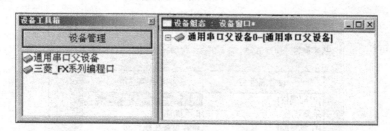

图6-26 添加父设备

双击图6-26中的"通用串口父设备0 - ［通用串口父设备］"选项，弹出图6-27所示对话框。

② 添加三菱编程口。选中设备管理中的"三菱_FX系列编程口"，并拖动至右边的设备窗口内（见图6-28）。

a. 基本属性设置。双击"设备0 - ［三菱_FX系列编程口］"选项，将CPU类型改为"2 - FX2NCPU"，然后单击"基本属性"选项卡中的▭按钮（见图6-29），在弹出的对话框中，单击"增加通道"按钮，添加三个通道，如图6-30、图6-31、图6-32所示。最后如图6-33所示。

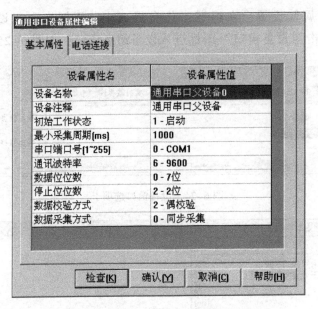

图 6-27　"通用串口设备属性编辑"对话框

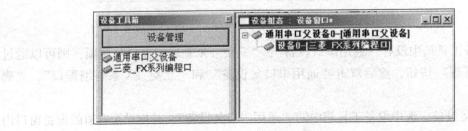

图 6-28　添加三菱编程口

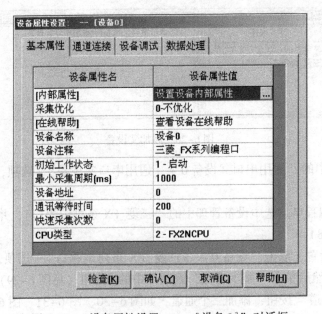

图 6-29　"设备属性设置：—［设备 0］"对话框

图 6-30 "增加通道"对话框

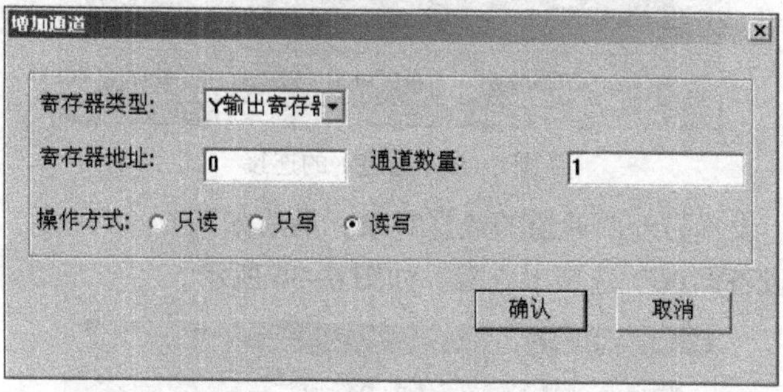

图 6-31 "增加通道"对话框

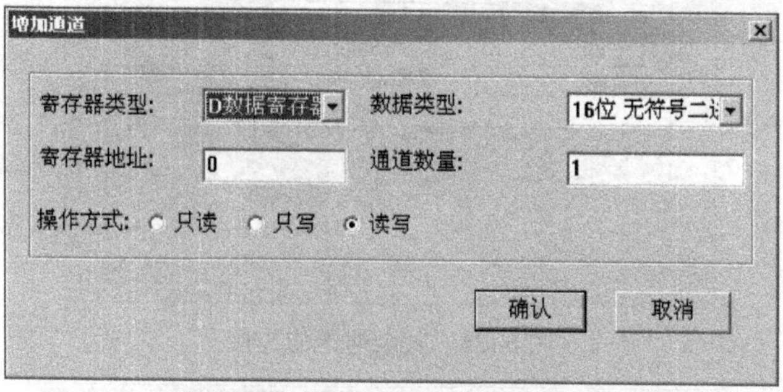

图 6-32 "增加通道"对话框

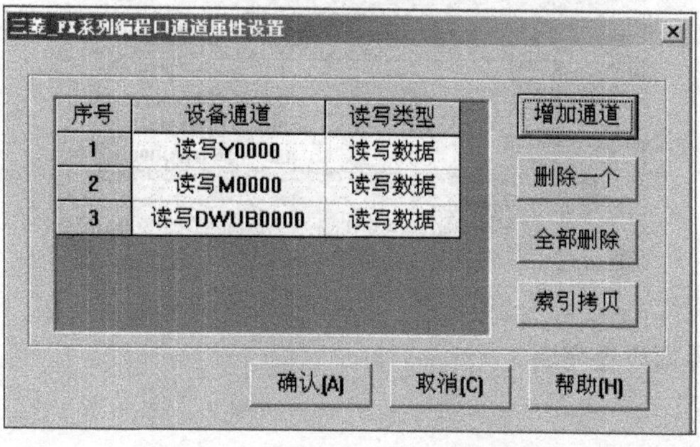

图 6-33 "三菱_FX 系列编程口通道属性设置"对话框

b. "通道连接"属性设置。

以通道 1 为例，选中如图 6-34 所示的光标处，右击，在弹出的对话框中双击 Y0 选项。

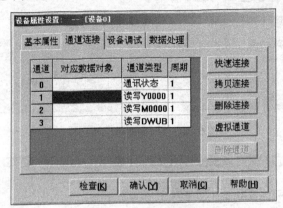

图 6-34　通道 1 的连接

用同样的方法，设置另外两通道的数据对象。最后如图 6-35 所示。通道对应的数值和状态可以切换到"设备调试"选项卡查看，如图 6-36 所示。

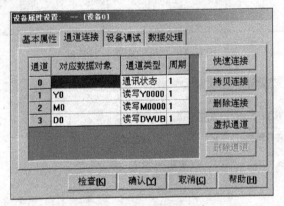

图 6-35　其余通道的连接

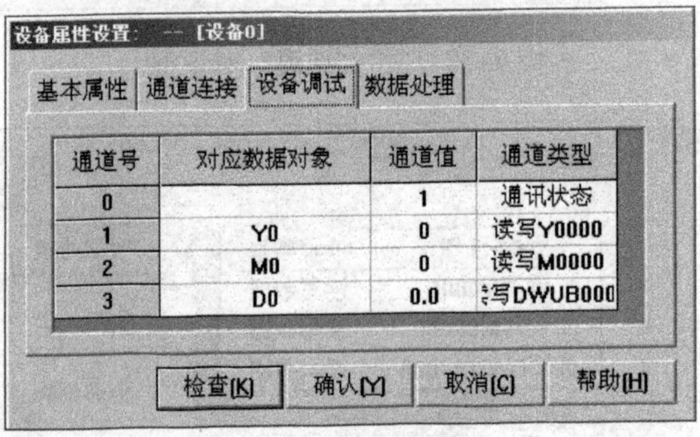

图 6-36　设备调试选项卡

至此整个组态界面设置完成。

二、触摸屏

本次介绍的触摸屏是 TPC7062KS。TPC7062KS 是一套以嵌入式低功耗 CPU 为核心

（ARM CPU，主频 400 MHz）的高性能嵌入式一体化触摸屏。该产品设计采用了 7 英寸高亮度 TFT 液晶显示屏（分辨率 800×480），四线电阻式触摸屏（分辨率 1 024×1 024）。额定功率 5 W，使用 DC 24 V 电源供电。

1. 外观

TPC7062KS 触摸屏外观如图 6-37 所示。

正视图  背视图

图 6-37　TPC7062KS 触摸屏外观

2. 外部接线图

TPC7062KS 触摸屏外部接线图，如图 6-38 所示。

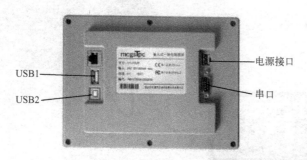

串口（DB9）	1×RS−232，1×RS−485
USB1	主口，兼容USB1.1标准
USB2	从口，用于下载工程
电源接口	DC 24×(1±2%) V

图 6-38　TPC7062KS 触摸屏外部接线图

（1）电源插头。采用直径 1.25 mm 的电源线，如图 6-39 所示。

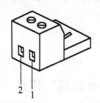

PIN	定义
1	+
2	−

图 6-39　电源插头

（2）串口。串口用来连接 PLC，连接方法如图 6-40 所示。

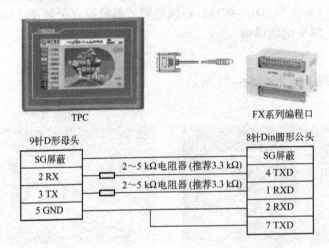

9针D形母头		8针Din圆形公头
SG屏蔽		SG屏蔽
2 RX	2～5 kΩ电阻器 (推荐3.3 kΩ)	4 TXD
3 TX	2～5 kΩ电阻器 (推荐3.3 kΩ)	1 RXD
5 GND		2 RXD
		7 TXD

图 6-40　串口的连接图

（3）USB1。用来连接鼠标、U 盘等。

（4）USB2。用于工程项目下载，连接方法如图 6-41 所示。

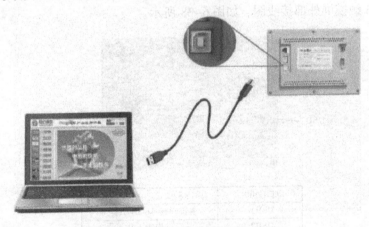

图 6-41　计算机与触摸屏的连接图

3. 工程项目下载

（1）硬件连接（见图 6-41）。

（2）启动 TPC。使用 24 V 直流电源供电，开机后，不需要任何操作，系统将自动进入工程运行界面。如图 6-42 所示。

（3）工程下载。

① 在 MCGS 环境中，单击 按钮，下载工程。

② 在弹出的"下载配置"对话框中，单击"连机运行"按钮；选择"USB 通讯"的连接方式；然后单击"通讯测试"提示通讯正常后，单击"工程下载"按钮；等待提示工程下载成功后，单击"启动运行"按钮。

图6-42 TPC7062KS 启动及运行界面

任务实施

外置数计数器设计步骤

（1）用 MCGS 软件生成图6-1所示的组态画面的工程（"外置数计数器.MCG"）。

（2）按图6-41连接好计算机和触摸屏，触摸屏和 PLC。

（3）将"外置数计数器.MCG"工程项目下载至触摸屏中。

（4）利用编程软件完成 PLC 程序的编写。程序如图6-43所示。（I/O 分配：X000 接脉冲输入端；Y000 接指示灯或接触器。）

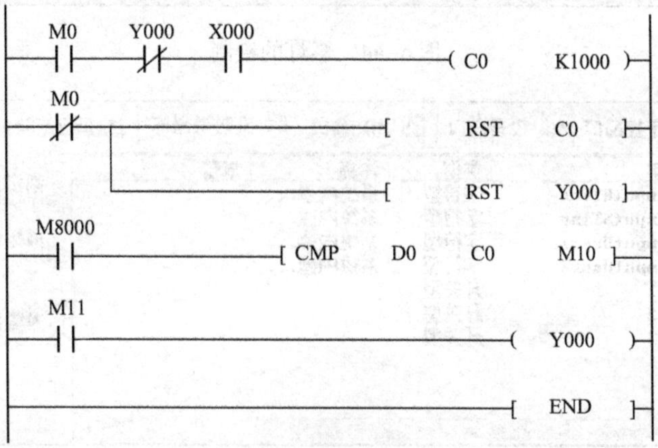

```
M0    Y000   X000
─┤├───┤／├───┤├──────────────────( C0      K1000 )

M0
─┤／├─────────────────────────┤  RST    C0   ├

                              ┤  RST    Y000 ├

M8000
─┤├──────────────────┤ CMP   D0   C0    M10 ├

M11
─┤├──────────────────────────────( Y000 )

                              ┤  END  ├
```

图6-43 外置数计数器的标形图程序

（5）单击 PLC 菜单，选择"写出"命令，下载程序至 PLC，然后 PLC 的模式开关拨至 RUN。

（6）通过触摸屏上的输入框，输入设定值，按下开关，即可见运行现象。

注意，编程软件的端口设定一定要与组态中父设备的设置一致：选用 COM1，9600Bds。

知识拓展

MCGS 软件的进一步应用

（1）用 MCGS 软件生成图6-44所示的组态画面的工程（"彩灯.MCG"）。

从工具箱中单击 ⚙ 按钮画三个灯，调整位置，并双击灯将颜色改成图6-44所示。

（2）建立数据：切换到"实时数据库"选项卡新增三个变量：L1、L2、L3，如图 6-45 所示。

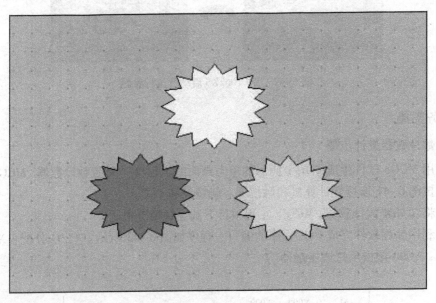

图 6-44　彩灯的绘制

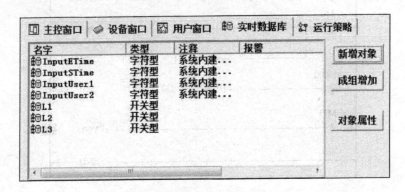

图 6-45　实时数据库选项卡

（3）建立图形与变量的关联：红灯、黄灯、绿灯分别对应 L1、L2、L3，如图 6-46 所示。

（4）建立通道连接。

建立通道连接，如图 6-47、图 6-48 所示。

（5）按图 6-41 连接好计算机和触摸屏，触摸屏和 PLC。

（6）将"彩灯.MCG"工程项目下载至触摸屏中。

（7）利用编程软件完成 PLC 程序的编写。程序如图 6-49 所示。（I/O 分配：X000 接脉冲输入端；Y001、Y002、Y003 分别接彩灯：红、黄、绿。）

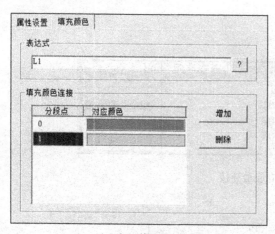

（a）灯L1的设置

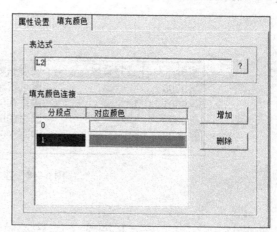

（b）灯L2的设置

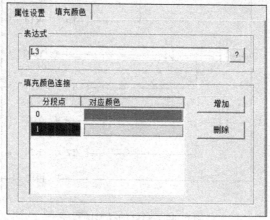

（c）灯L3的设置

图 6-46　灯的设置

设备属性名	设备属性值
设备名称	通用串口父设备0
设备注释	通用串口父设备
初始工作状态	1 - 启动
最小采集周期(ms)	1000
串口端口号(1~255)	0 - COM1
通讯波特率	6 - 9600
数据位位数	0 - 7位
停止位位数	0 - 1位
数据校验方式	2 - 偶校验

图 6-47　通用串口设备属性编辑对话框

索引	连接变量	通道名称	通道处理	增加设备通道
0000		通讯状态		删除设备通道
0001	L1	读写Y0001		
0002	L2	读写Y0002		删除全部通道
0003	L3	读写Y0003		

图 6-48   建立通道连接

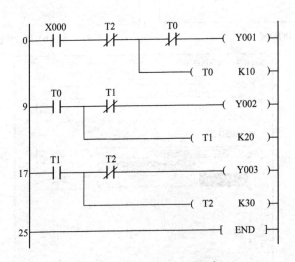

图 6-49   彩灯的梯形图程序

（8）单击 PLC 菜单，选择"写出"命令，下载程序至 PLC，然后 PLC 的模式开关拨至 RUN。

（9）通过触摸屏上的输入框，输入设定值，按下开关，即可见运行现象。

注意，编程软件的端口设定一定要与组态中父设备的设置一致：选用 COM1，9600 Bd。

 练习题

试用 MCGS 软件生成图 6-50 所示的组态画面的工程（"霓虹灯.MCG"）。灯 1、2、3、4 对应变量 L1；灯 5、6、7、8 对应变量 L2；灯 9、10 对应变量 L3；灯 11、12、13、14 对应变量 L4；灯 15、16、17、18 对应变量 L5；灯 19、20 对应变量 L6；灯 21、22、23、24、25、26 对应 L7。L1、L2、L3、L4、L5、L6、L7 分别对应通道 Y1、Y2、Y3、Y4、Y5、Y6、Y7。并利用编程软件编写图 6-51 所示的程序。最后下载程序至 PLC，并将 PLC 的模式开关拨至 RUN，MCGS 进入组态环境，观察画面的变化。（所有编号为奇数的灯亮时为红色，所有编号为偶数的灯亮时为绿色）

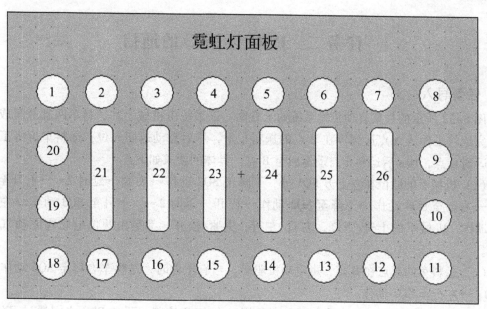

图 6-50 霓虹灯面板

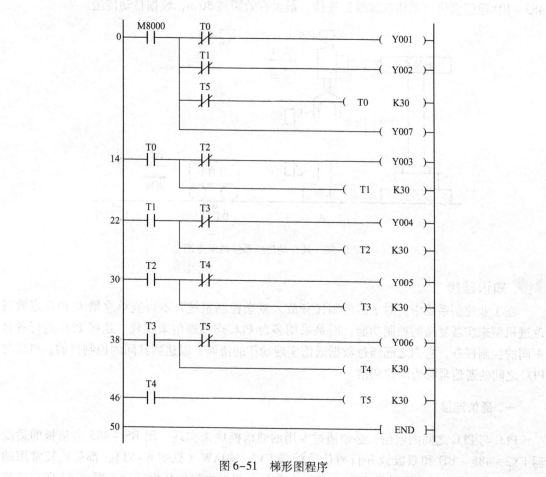

图 6-51 梯形图程序

任务二　PLC 与 PLC 的通信

任务导入

图 6-52 所示的是某自动传输系统的示意图。该系统由机械手和送料车两部分组成。机械手完成将工件从 A 点运到停在 B 点的送料车上，然后自动返回原位；运料车再将工件从 B 点运到 C 点，10 s 后运料车自动返回至 B 点。具体的要求如下：

（1）机械手的原位在左上方 SQ1 处，下降至 SQ2 动作→夹紧→延时 2 s→上升至 SQ3 动作→右行至 SQ4 动作→下降至 SQ2 动作→松开→延时 2 s→上升至 SQ3 动作→左行至 SQ1 动作。机械手的上升/下降，右行/左行、夹紧/松开，都是由两位电磁阀驱动气缸完成的。

（2）运料车的起点在 B 点，由电动机驱动，当有工件时，送料车右行至 SQ6 动作→延时 10 s→左行至 SQ5 动作。

为了提高工作效率，机械手和运料车各用一台 PLC 控制，两台 PLC 之间通过 FX2N-485-BD 通信模块（采用双绞线）连接，最大有效距离 50 m，数据自动传送。

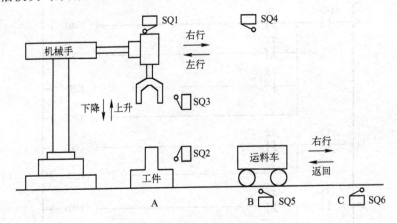

图 6-52　某自动传输系统的示意图

知识链接

在工业控制系统中，对于多控制任务放入复杂控制系统，不可能单靠增大 PLC 点数或改进机型来实现复杂的控制功能，而是采用多台 PLC 连接通信来实现。这些 PLC 进行各自不同的控制任务，它们之间通过数据通信实现动作的协调，以达到共同的控制目的。PLC 与 PLC 之间的通信常称为同位通信。

一、通信连接

PLC 与 PLC 之间的通信，必须通过专用的通信模块来实现。用 RS-485 通信板的适配器 FX2-485-BD 和双绞线并行通信适配器 FX2-40AW（见图 6-53），都是比较常用的 PLC 通信专用模块。利用它们可以方便地实现两台 PLC 之间的数据通信。图 6-54 所示的就是两台 PLC 通过通信适配器进行互联并行连接的示意图。

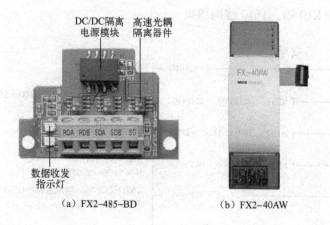

（a）FX2-485-BD   （b）FX2-40AW

图 6-53　FX2-485-BD 和 FX2-40AW

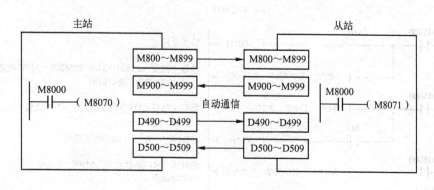

图 6-54　两台 PLC 的并行连接

对于任何一台互联中的 PLC 的操作，相当于操作一台普通的 PLC，没有增加互联后的操作复杂度。但是由于存在这种状态信息的交换，使得任何一台 PLC 都可以对其他 PLC 上的组件进行控制，从而扩展了单台 PLC 的控制范围和能力。

二、通信系统操作

主站和从站的通信可以是 100/100 点的 ON/OFF 信号和 10 字。10 字的 16 位数据。用于通信的辅助继电器是 M800～M999，数据寄存器是 D490～D509。

从图 6-54 可知，如果主站想要将某些输入的 ON/OFF 状态让从站知道，可以将这些ON/OFF 状态存放到 M800～M899 中；同样，从站也可以将某些输入的 ON/OFF 状态存放在 M900～M999 让主站知道。

下面举一个具体的例子，程序如图 6-55 所示。

主站读取从站存入 M900～M907 的 M10～M17 的状态，并从主站 PLC 的 Y000～Y007 端口输出；当 X0011 为 ON 时，主站读取从站存入 D500 中的数据，驱动 T1 延时（D500）×100 ms。

从站接收主站存入 M800～M807 中的 X000～X007 状态，并从从站 PLC 的 Y000～

Y007 端口输出；从站接收主站存入 D490 的数据（D10 与 D12 内容的和），并将其与 K10 比较，若该数据小于 K10 则，Y010 线圈得电。

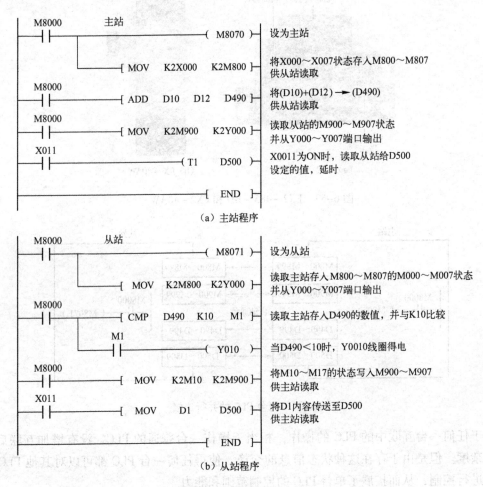

图 6-55 通信实例程序

其中的 M8070、M8071 及相关的软元件的含义如表 6-1 所示。

表 6-1 相关软元件的含义

元 件 名	功 能 及 含 义
M8070	为 ON 时，PLC 作为主站
M8071	为 ON 时，PLC 作为从站
M8072	PLC 运行在并行连接时为 ON
M8073	在并行连接时，M8070 或 M8071 出错时为 ON
M8062	为 OFF 时为标准模式；为 ON 时为快速模式
D8070	并行连接的监视时间，默认值为 500 ms

任务实施

一、控制要求分析

（1）为确保机械手和运料车的协调工作，机械手的松开动作必须在运料车停在 B 点后进行；运料车从 B 点向 C 点运动必须在机械手松开工件上升后进行（位置调整除外）。

（2）机械手的启动/停止命令由控制运料车的 PLC 发出。当按下启动按钮时，机械手和运料车开始工作；当按钮停止按钮后，机械手停止工作，运料车应返回 B 点停止工作。这些信息可以通过通信方式传送。

（3）为了便于通信，将控制机械手的 PLC 设为主站，将控制运料车的 PLC 设为从站。PLC 之间的并行连接通信，需对通信模式进行设置。

二、系统设计

（1）系统 I/O 地址分配。根据分析结果，主站需要输入设备（4 个）和输出设备（3 个两位双电控五通电磁阀）；从站需要输入设备（4 个）和输出设备（2 个），主站和从站的 I/O 地址分配如表 6-2 和表 6-3 所示。

表 6-2 主站 I/O 地址分配表

类　型	元件名称	地　址	作　用
输入	行程开关 SQ1	X1	原位
	行程开关 SQ2	X2	下限位
	行程开关 SQ3	X3	上限位
	行程开关 SQ4	X4	右限位
输出	电磁阀 1 – YV1	Y1	下降
	电磁阀 1 – YV2	Y2	上升
	电磁阀 2 – YV1	Y3	右行
	电磁阀 2 – YV2	Y4	左行
	电磁阀 3 – YV1	Y5	夹紧
	电磁阀 3 – YV2	Y6	松开

表 6-3 从站 I/O 地址分配表

类　型	元件名称	地　址	作　用
输入	按钮 SB1	X1	启动
	按钮 SB2	X2	停止
	行程开关 SQ5	X5	B 处限位
	行程开关 SQ6	X6	C 处限位
输出	接触器 KM1	Y1	右行
	接触器 KM2	Y2	左行返回

（2）系统程序。根据 I/O 地址分配和控制要求，编写 PLC 程序，如图 6-56 所示。

（3）系统 I/O 接口图，如图 6-57 和图 6-58 所示。

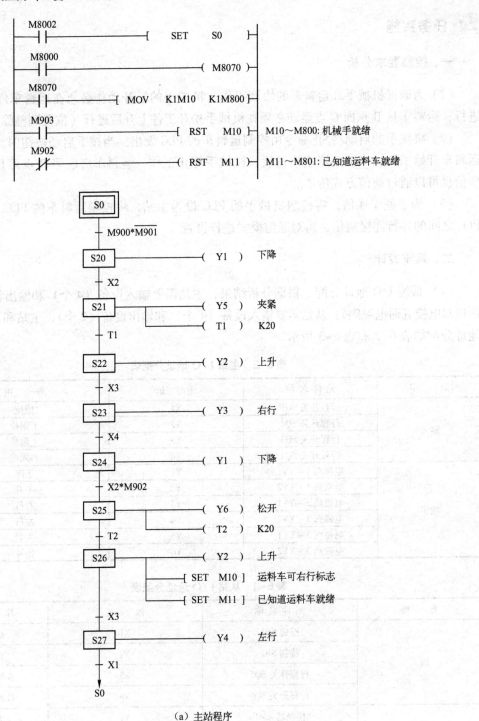

（a）主站程序

图 6-56　系统程序

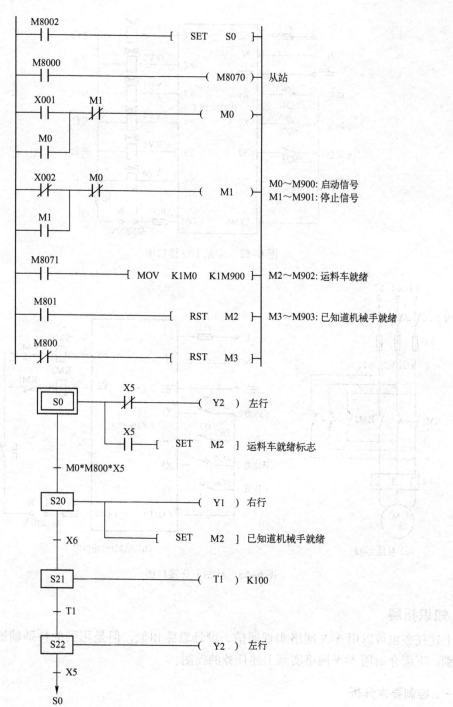

图 6-56 系统程序（续）

（b）从站程序

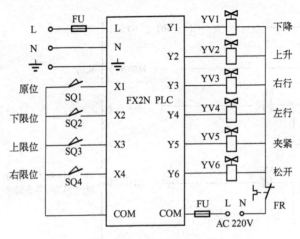

图 6-57　主站 I/O 接口图

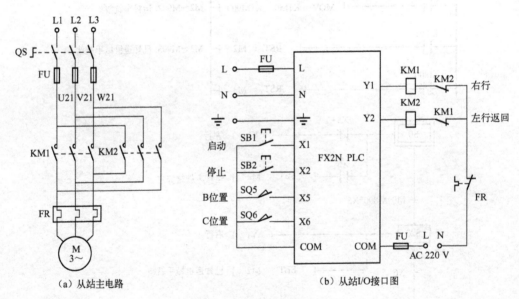

（a）从站主电路　　　　　　　　　　（b）从站 I/O 接口图

图 6-58　从站 I/O 接口图

知识拓展

上述任务也可以用 $N{:}N$ 网络实现通信，设计思路相似，但是用到的特殊辅助继电器有所区别。下面介绍用 $N{:}N$ 网络实现上述任务的控制。

一、控制要求分析

FX 系列 PLC 支持以下 5 种类型的通信：$N{:}N$ 网络、并行连接、计算机连接、无协议通信、可选编程端口。这里重点介绍 $N{:}N$ 网络。

$N{:}N$ 网络，最多能连接 8 台的 PLC 实现通信，FX2N、FX2NC、FX1N、FX0N 之间可混连。$N{:}N$ 网络建立在 RS-485 传输标准上，网络中必须有一台 PLC 为主站，其他 PLC 为从站，网络中站点的总数不超过 8 个。图 6-59 所示的是 $N{:}N$ 网络配置，使用的 RS-485 通信接口最大延伸距离 50 m。

$N:N$ 网络的通信协议是固定的：通信方式采用半双工通信，波特率固定为 38 400 Bd；数据长度、奇偶检验、停止位、标题字符、终结字符以及和检验等也均是固定的。

$N:N$ 网络是采用广播方式进行通信的：网络中每一站点都指定一个用特殊辅助继电器和特殊数据寄存器组成的链接存储区。各站点向自己站点链接存储区中规定的数据发送区写入数据。网络上任何一台 PLC 中的发送区的状态会反映到网络中的其他 PLC，因此，数据可供通过 PLC 连接连接起来的所有 PLC 共享，且所有单元的数据都能同时完成更新。

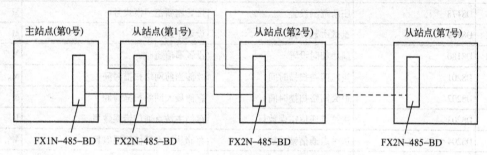

图 6-59　$N:N$ 网络数据传输示意图

$N:N$ 连接网络，各站点间用屏蔽双绞线相连，如图 6-60 所示，接线时须注意终端站要接上 110 Ω 的终端电阻（485BD 板附件）。

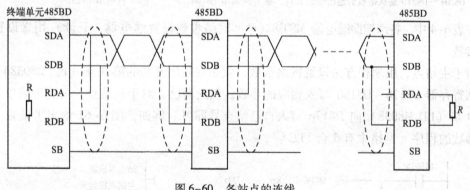

图 6-60　各站点的连线

FX 系列 PLC 规定了与 $N:N$ 网络相关的标志位（特殊辅助继电器）和存储网络参数和网络状态的特殊数据寄存器。当 PLC 为 FX1N 或 FX2N（C）时，$N:N$ 网络的相关标志（特殊辅助继电器）如表 6-4 所示，相关特殊数据寄存器如表 6-5 所示。

表 6-4　特殊辅助继电器

特性	辅助继电器	名　称	描　述	响应类型
R	M8038	$N:N$ 网络参数设置	用来设置 $N:N$ 网络参数	M，L
R	M8183	主站点的通信错误	当主站点产生通信错误时 ON	L
R	M8184～M8190	从站点的通信错误	当从站点产生通信错误时 ON	M，L
R	M8191	数据通信	当与其他站点通信时 ON	M，L

注：R：只读；W：只写；M：主站点；L：从站点
　　在 CPU 错误，程序错误或停止状态下，对每一站点处产生的通信错误数目不能计数。
　　M8184～M8190 是从站点的通信错误标志，第 1 从站用 M8184……，第 7 从站用 M8190。

表 6-5　特殊数据寄存器

特性	数据寄存器	名　　称	描　　述	响应类型
R	D8173	站点号	存储它自己的站点号	M，L
R	D8174	从站点总数	存储从站点的总数	M，L
R	D8175	刷新范围	存储刷新范围	M，L
W	D8176	站点号设置	设置它自己的站点号	M，L
W	D8177	从站点总数设置	设置从站点总数	M
W	D8178	刷新范围设置	设置刷新范围模式号	M
W/R	D8179	重试次数设置	设置重试次数	M
W/R	D8180	通信超时设置	设置通信超时	M
R	D8201	当前网络扫描时间	存储当前网络扫描时间	M，L
R	D8202	最大网络扫描时间	存储最大网络扫描时间	M，L
R	D8203	主站点通信错误数目	存储主站点通信错误数目	L
R	D8204～D8210	从站点通信错误数目	存储从站点通信错误数目	M，L
R	D8211	主站点通信错误代码	存储主站点通信错误代码	L
R	D8201～D8218	从站点通信错误代码	存储从站点通信错误代码	M，L

注：R：只读；W：只写；M：主站点；L：从站点。
　　在 CPU 错误，程序错误或停止状态下，对其自身站点处产生的通信错误数目不能计数。
　　D8204～D8210 是从站点的通信错误数目，第 1 从站用 D8204，……，第 7 从站用 D8210。

在表 6-4 中，特殊辅助继电器 M8038（$N:N$ 网络参数设置继电器，只读）用来设置 $N:N$ 网络参数。

对于主站点，用编程方法设置网络参数，就是在程序开始的第 0 步（LD M8038），向特殊数据寄存器 D8176～D8180 写入相应的参数，仅此而已。对于从站点，则更为简单，只须在第 0 步（LD M8038）向 D8176 写入自己站点号即可。例如，图 6-61 给出了设置主从站网络参数的程序（网络中有 5 台 PLC）。

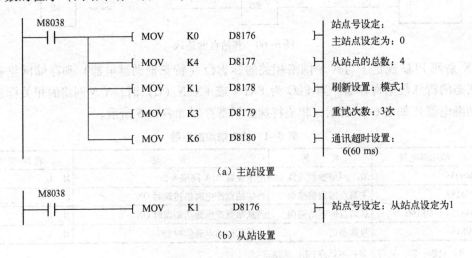

图 6-61　主从站网络参数的程序

除了提到的模式 1 之外，还有模式 0、模式 2。可根据网络中信息交换的数据量不同，可选择合适的模式（见表 6-6、表 6-7、表 6-8）。在每种模式下使用的元件被 *N*: *N* 网络所有站点所占用。

在图 6-61 所示的程序设计中，采用了模式 1 方式。这时每一站点占用 32×8 个位软元件，4×8 个字软元件作为链接存储区。在运行中，对于第 0 号站（主站），希望发送到网络的开关量数据应写入位软元件 M1000～M1063 中，而希望发送到网络的数字量数据应写入字软元件 D0～D3 中，对其他各站点如此类推。

表 6-6 模式 0 站号与字元件对应表

站 号	元 件	
	位软元件（M）	字软元件（D）
	0 点	4 点
第 0 号	—	D0～D3
第 1 号	—	D10～D13
第 2 号	—	D20～D23
第 3 号	—	D30～D33
第 4 号	—	D40～D43
第 5 号	—	D50～D53
第 6 号	—	D60～D63
第 7 号	—	D70～D73

注："—"表示该模式下无指定位软元件。

表 6-7 模式 1 站号与位、字元件对应表

站 号	元 件	
	位软元件（M）	字软元件（D）
	32 点	4 点
第 0 号	M1000～M1031	D0～D3
第 1 号	M1064～M1095	D10～D13
第 2 号	M1128～M1159	D20～D23
第 3 号	M1192～M1223	D30～D33
第 4 号	M1256～M1287	D40～D43
第 5 号	M1320～M1351	D50～D53
第 6 号	M1384～M1415	D60～D63
第 7 号	M1448～M1479	D70～D73

表 6-8　模式 2 站号与位、字元件对应表

站　号	元　件	
	位软元件（M）	字软元件（D）
	64 点	4 点
第 0 号	M1000～M1063	D0～D3
第 1 号	M1064～M1127	D10～D13
第 2 号	M1128～M1191	D20～D23
第 3 号	M1192～M1255	D30～D33
第 4 号	M1256～M1319	D40～D43
第 5 号	M1320～M1383	D50～D53
第 6 号	M1384～M1447	D60～D63
第 7 号	M1448～M1511	D70～D73

特殊数据寄存器 D8179 设定重试次数，设定范围为 0 ～ 10（默认为 3）；特殊数据寄存器 D8180 设定通信超时值，设定范围为 5 ～ 255（默认为 5），用此值乘以 10 ms 就是通信超时的持续驻留时间。

如果按上述对主站和各从站编程，完成网络连接后，再接通各 PLC 工作电源，即使在 STOP 状态下，通信也能进行。

该任务中有 2 台 PLC，设控制机械手的 PLC 为主站，控制搬运小车的 PLC 为从站，梯形图如图 6-62、图 6-63 所示。

主站通信设置：

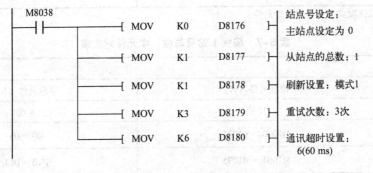

图 6-62　主站梯形图

从站通信设置：

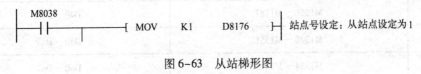

图 6-63　从站梯形图

联机信号：

主站：M1000——工件已经运到 B 点了，运料车可运工件了。

从站：M1064——运料车已经到达 B 点，机械手可搬运工件了。

M1065——停止工作。

M1066——启动信号。

二、系统设计

1. 系统 I/O 地址分配

根据分析结果，主站需要输入设备（4 个）和输出设备（3 个两位双电控五通电磁阀）；从站需要输入设备（4 个）和输出设备（2 个），主站和从站的 I/O 地址分配见表 6-9 和表 6-10。

表 6-9　主站 I/O 地址分配表

类　型	元 件 名 称	地　址	作　用
输入	行程开关 SQ1	X1	原位
	行程开关 SQ2	X2	下限位
	行程开关 SQ3	X3	上限位
	行程开关 SQ4	X4	右限位
输出	电磁阀 1 - YV1	Y1	下降
	电磁阀 1 - YV2	Y2	上升
	电磁阀 2 - YV1	Y3	右行
	电磁阀 2 - YV2	Y4	左行
	电磁阀 3 - YV1	Y5	夹紧
	电磁阀 3 - YV2	Y6	松开

表 6-10　从站 I/O 地址分配表

类　型	元 件 名 称	地　址	作　用
输入	按钮 SB1	X1	启动
	按钮 SB2	X2	停止
	行程开关 SQ5	X5	B 处限位
	行程开关 SQ6	X6	C 处限位
输出	接触器 KM1	Y1	右行
	接触器 KM2	Y2	左行返回

2. 系统程序

根据 I/O 地址分配和控制要求，编写 PLC 程序，如图 6-64 所示。

3. 系统 I/O 接口图

系统 I/O 接口图，如图 6-65、图 6-66 所示。

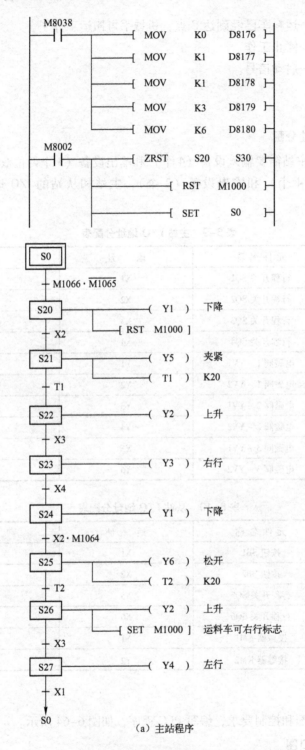

（a）主站程序

图 6-64　系统程序

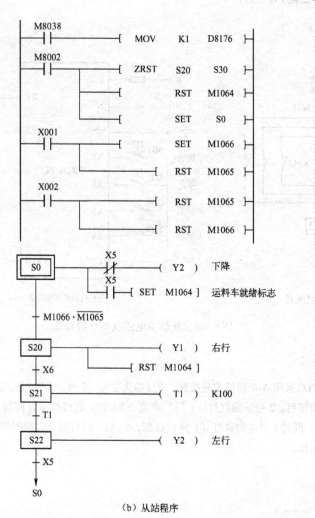

(b) 从站程序

图 6-64 系统程序(续)

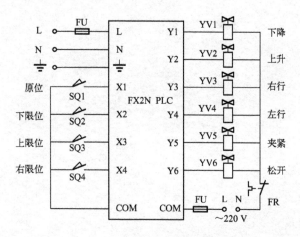

图 6-65 主站 I/O 接口图

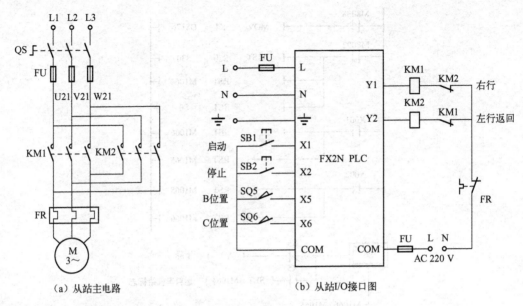

（a）从站主电路　　　　　　　（b）从站 I/O 接口图

图 6-66　从站主电路及 I/O 接口图

练习题

　　某设备的 3 台 PLC 采用 *N*:*N* 通信实现控制，1 号站为主站，2 号，3 号为从站。1 号站控制系统的启动和停止，按下启动按钮后，2 号站的红灯（1 只）点亮，3 s 后，红灯熄灭，同时 3 号站的绿灯（1 只）点亮 4 s 后，绿灯熄灭，同时 1 号站的黄灯（1 只）点亮，5 s 后，红灯熄灭，同时循环。按下停止按钮后，完成本次任务后停止工作。

附录

附录 A　FX2N 软元件一览

附表 A-1　FX2N 软元件一览表

型号	FX2N-16M	FX2N-32M	FX2N-48M	FX2N-64M	FX2N-80M	FX2N-128M	扩展单元
输入继电器 X	X000～X007 8点	X000～X017 16点	X000～X027 24点	X000～X037 32点	X000～X047 40点	X000～X077 64点	X000～X267（X177） 184点（128点）
输出继电器 Y	Y000～Y007 8点	Y000～Y017 16点	Y000～Y027 24点	Y000～Y037 32点	Y000～Y047 40点	Y000～Y077 64点	Y000～Y267（Y177） 184点（128点）
辅助继电器 M	M 0～M499 500点 普通用途※	【M500～M1023】 524点供停电保持用※2 供通信用 主→从［M800～M899］ 从→主［M900～M999］			【M1024～M3071】 2048点 供停电保持用※3		M8000～M8255 156点 特殊用途
状态 S	S0～S499 500点普通用途 供初始状态用　S0～S9 供返回原点用　S10～S19				【S 500～S 899】 400点 供停电保持用		【S 900～S 999】 100点 供信号报警器用
计数器 C	16位增计数		32位可逆		32位高速可逆计数器		
	C 0～C 99 100点 普通用途	【C100～C199】 100点 供停电保持用	C200～C219 20点 普通用途	【C220～C234】 15点 供停电保持用	【C235～C245】 1相1输入	【C246～C250】 1相2输入	【C251～C255】 2相2输入
数据寄存器 D, V, Z	D 0～D199 200点 普通用途	【D200～D511】 312点 供停电保持用	【D512～D7999】 7488点 供停电保持用		D8000～D8195 106点 特殊用途		V7～V0 Z7～Z0 16点
常数 K	16位 -32 768～32 767				32位 -2 147 483 684～2 147 483 647		
常数 H	16位 0～FFFFH				32位 0～FFFFFFFFH		

说明："【　】"内的软元件为有电池后备的软元件。

注：1. 非后备软元件。利用参数设定，可变为后备软元件。

　　2. 后备软元件。利用参数设定，可变为非后备软元件。

　　3. 后备固定软元件。不可改变软元件特性。

附录 B　FX2N 系列可编程控制器主要技术指标

　　FX2N 系列可编程控制器的技术指标包括一般技术指标、电源技术指标、输入技术指标、输出技术指标和性能技术指标，分别如附表 B-1 ～附表 B-4 所示。

附表 B-1　FX2N 一般技术指标

环境温度	使用时：0～55℃，储存时：－20～+70℃
环境温度	35%～89% RH（不结露）使用时
抗　振	JIS C0911 标准 10～55 Hz 0.5 mm（最大 2 G）3 轴方向各 2 h（但用 DIN 导轨安装时 0.5 G）
抗冲击	JIS C0912 标准 10 G　3 轴方向各 3 次
抗噪声干扰	用噪声仿真器产生电压为 1 000 V_{P-P}、噪声脉冲宽度为 1 μs，周期为 30～100 Hz 的噪声，在此噪声干扰下 PLC 工作正常
耐　压	AC 1 500 V　1 min
绝缘电阻	5 MΩ 以上（DC 500 V 兆欧表）
接　地	第三种接地，不能接地时，亦可浮空
使用环境	无腐蚀性气体，无尘埃

耐压、绝缘电阻行对应："所有端子与接地端之间"

附表 B-2　FX2N 电源技术指标

项　目		FX2N-16M FX2N-32E	FX2N-32M	FX2N-48M FX2N-48E	FX2N-64M	FX2N-80M	FX2N-128M
电源电压		AC 100～240 V　50/60 Hz					
允许瞬间断电时间		对于 10 ms 以下的瞬间断电，控制动作不受影响					
电源熔丝		250 V　3.15 A，φ5×20 mm			250 V　5 A，φ5×20 mm		
电力消耗／（V·A）		35	40（30E 35）	50（48E 45）	60	70	100
传感器电源	无扩展部件	DC 24 V　250 mA 以下			DC 24 V　460 mA 以下		
	有扩展部件	DC5 V 基本单元 290 mA　扩展单元 690 mA					

附表 B-3　FX2N 输入技术指标

输入电压	输入电流		输入 ON 电流		输入 OFF 电流		输入阻抗		输入隔离	输入响应时间
	X000～X007	X010 以内	X000～X007	X010 以内	X000～X007	X010 以内	X000～X007	X010 以内		
DC 24 V	7 mA	5 mA	4.5 mA	3.5 mA	≤1.5 mA	≤1.5 mA	3.3 kΩ	4.3 kΩ	光电绝缘	0～60 ms 可变

　　注：输入端 X000～X007 内有数字滤波器，其响应时间可由程序调整为 0～60 ms。

附表 B-4　FX2N 输出技术指标

项　目		继电器输出	晶闸管输出	晶体管输出
外部电源		AC 250 V，DC 30 V 以下	AC 85～240 V	DC 5～30 V
最大负载	电阻负载	2 A/1 点；8 A/4 点共享； 8 A/8 点共享	0.3 A/1 点 0.8 A/4 点	0.5 A/1 点 0.8 A/4 点
	感性负载	80 V·A	15 V·A/AC 100 V 30 V·A/AC 200 V	12 W/DC 24 V
	灯负载	100 W	30 W	1.5 W/DC 24 V
开路漏电流		—	1 mA/AC 100 V 2 mA/AC 200 V	0.1 mA 以下/DC 30 V

项　　目		继电器输出	晶闸管输出	晶体管输出
响应时间	OFF 到 ON	约 10 ms	1 ms 以下	0.2 ms 以下
	ON 到 OFF	约 10 ms	最大 10 ms	0.2 ms 以下 *
电路隔离		机械隔离	光电晶闸管隔离	光耦合器隔离
动作显示		继电器通电时 LED 灯亮	光电晶闸管驱动时 LED 灯亮	光耦合器隔离驱动时 LED 灯亮

* 响应时间 0.2 ms 是在条件为 24 V/200 mA 时，实际所需时间为电路切断负载电流为 0 的时间，可用并接续流二极管的方法改善响应时间。大电流时为 0.4 mA 以下。

附录 C　FX2N 指令一览

FX2N 系列 PLC 指令包括基本逻辑指令，步进指令，功能指令，分别如附表 C-1 ～附表 C-3。

附表 C-1　基本逻辑指令表

助记符	名　称	功　能	回路表示和对象软元件
LD	取	运算开始左母线接点	X、Y、M、S、T、C
LDI	取反	运算开始右母线接点	X、Y、M、S、T、C
LDP	取脉冲	上升沿检出运算开始	X、Y、M、S、T、C
LDF	取脉冲	下降沿检出运算开始	X、Y、M、S、T、C
左母线 ND	与	串联连接左母线接点	
左母线 NI	与非	串联连接右母线接点	
左母线 NDP	与脉冲	沿检出串联连接上升	
左母线 NDF	与脉冲	下降沿检出串联连接	
ANDP	与脉冲	沿检出串联连接上升	X、Y、M、S、T、C
ANDF	与脉冲	下降沿检出串联连接	X、Y、M、S、T、C
OR	或	并联连接左母线接点	X、Y、M、S、T、C
ORI	或非	并联连接右母线接点	X、Y、M、S、T、C
ORP	或脉冲	上升沿检出并联连接	X、Y、M、S、T、C
ORF	或脉冲	下降沿检出并联连接	X、Y、M、S、T、C
左母线 N 右母线	回路块与	回路之间串联连接	
OR 右母线	回路块或	回路块之间并联连接	
OUT	输出	线圈驱动指令	Y、M、S、T、C
SET	置位	线圈动作保持指令	Y、M、S
RST	复位	解除线圈动作保持指令	Y、M、S、T、C、D、V、Z
PLS	脉冲	线圈上升沿输出指令	Y、M
PLF	下降沿脉冲	线圈下降沿输出指令	Y、M
MC	主控	公共串联接点用线圈指令	M、Y
MCR	主控复位	公共串联接点解除指令	N（0～7 编号）先返回 7
MPS	进栈	运算存储	无操作数
助记符	名称	功能	回路表示和对象软元件
MRD	读栈	存储读出	无操作数
MPP	出栈	存储读出和复位	无操作数

助 记 符	名 称	功 能	回路表示和对象软元件
INV	反转（非）	运算结果取反	不左母线相连
NOP	空操作	无动作	消除程序或留出空间，无操作数
END	结束	程序结束	程序结束，返回到 0 步，无操作数

附表 C-2　步进指令表

STL	步进梯形图	步进梯形图开始	S
RET	返回	步进梯形图结束	无操作数

附表 C-3　功能指令表

分类	指令编号 FNC	指令助记符	指令名称及功能简介
程序流程	00	CJ	条件跳转；程序跳转到 P 指针指定处 P63 为 END 步序，不需指定
	01	CALL	调用子程序；程序调用 P 指针指定的子程序，嵌套 5 层以内
	02	SRET	子程序返回；从子程序返回主程序
	03	IRET	中断返回主程序
	04	EI	中断允许
	05	DI	中断禁止
	06	FEND	主程序结束
	07	WDT	监视定时器；顺控指令中执行监视定时器刷新
	08	FOR	循环开始；重复执行开始，嵌套 5 层以内
	09	NEXT	循环结束；重复执行结束
传送和比较	010	CMP	比较；$[S1(\cdot)]$ 同 $[S2(\cdot)]$ 比较 $\rightarrow [D(\cdot)]$
	011	ZCP	区间比较；$[S(\cdot)]$ 同 $[S1(\cdot)] \sim [S2(\cdot)]$ 比较 $\rightarrow [D(\cdot)]$，$[D(\cdot)]$ 占 3 点
	012	MOV	传送；$[S(\cdot)] \rightarrow [D(\cdot)]$
	013	SMOV	移位传送；$[S(\cdot)]$ 第 m_1 位开始的 m_2 个数位移到 $[D(\cdot)]$ 的第 n 个位置，m_1、m_2、$n = 1 \sim 4$
	014	CML	取反；$[S(\cdot)]$ 取反 $\rightarrow [D(\cdot)]$
	015	BMOV	块传送；$[S(\cdot)] \rightarrow [D(\cdot)]$（n 点 $\rightarrow$ n 点），$[S(\cdot)]$ 包括文件寄存器，$n \leqslant 512$
	016	FMOV	多点传送；$[S(\cdot)] \rightarrow [D(\cdot)]$（1 点 $\sim$ n 点）；$n \leqslant 512$
	017	XCH	数据交换；$[D1(\cdot)] \longleftrightarrow [D2(\cdot)]$
	018	BCD	求 BCD 码；$[S(\cdot)]$16/32 位二进制数转换成 4/8 位 BCD $\rightarrow [D(\cdot)]$
	019	BIN	求二进制码；$[S(\cdot)]$4/8 位 BCD 转换成 16/32 位二进制数 $\rightarrow [D(\cdot)]$
四则运算和逻辑运算	020	ADD	二进制加法；$[S1(\cdot)] + [S2(\cdot)] \rightarrow [D(\cdot)]$
	021	SUB	二进制减法；$[S1(\cdot)] - [S2(\cdot)] \rightarrow [D(\cdot)]$
	022	MUL	二进制乘法；$[S1(\cdot)] \times [S2(\cdot)] \rightarrow [D(\cdot)]$
	023	DIV	二进制除法；$[S1(\cdot)] \div [S2(\cdot)] \rightarrow [D(\cdot)]$
	024	INC	二进制加 1；$[D(\cdot)] + 1 \rightarrow [D(\cdot)]$
	025	DEC	二进制减 1；$[D(\cdot)] - 1 \rightarrow [D(\cdot)]$
	026	AND	逻辑字与；$[S1(\cdot)] \wedge [S2(\cdot)] \rightarrow [D(\cdot)]$
	027	OR	逻辑字或；$[S1(\cdot)] \vee [S2(\cdot)] \rightarrow [D(\cdot)]$
	028	XOR	逻辑字异或；$[S1(\cdot)] \oplus [S2(\cdot)] \rightarrow [D(\cdot)]$
	029	NEG	求补码；$[D(\cdot)]$ 按位取反 +1 $\rightarrow [D(\cdot)]$

分类	指令编号 FNC	指令助记符	指令名称及功能简介
循环移位与移位	030	ROR	循环右移；执行条件成立，[D(·)]循环右移 n 位（高位→低位→高位）
	031	ROL	循环左称；执行条件成立，[D(·)]循环左移 n 位（低位→高位→低位）
	032	RCR	带进位循环右移；[D(·)]带进位循环右移 n 位（高位→低位→十进位→高位）
	033	RCL	带进位循环左移；[D(·)]带进位循环左移 n 位（低位→高位→十进位→低位）
	034	SFTR	位右移；n_2 位[S(·)]右移→n_1 位的[D(·)]，高位进，低位溢出
	035	SFTL	位左移；n_2[S(·)]左移→n_1 位的[D(·)]，低字进，高字溢出
	036	WSFR	字右移；n_2 字[S(·)]右移→[D(·)]开始的 n_1 字，高字进，低字溢出
	037	WSFL	字左移；n_2 字[S(·)]左移→[D(·)]开始的 n_1 字，低字进，高字溢出
	038	SFWR	FIFO 写入；先进先出控制的数据写入，2≤n≤512
	039	SFRD	FIFO 读出；先进先出控制的数据读出，2≤n≤512
数据处理	040	ZRST	成批复位；[D1(·)]～[D2(·)]复位，[D1(·)]<[D2(·)]
	041	DECO	解码；[S(·)]的 n（n＝1～8）位二进制数解码为十进制数 a→[D(·)]，使[D(·)]的第 a 位为"1"
	042	ENCO	编码；[S(·)]的 2^n（n＝1～8）位中的最高"1"位代表的位数（十进制数）编码为二进制数后→[D(·)]
	043	SUM	求置 ON 位的总和；[S(·)]中"1"的数目存入[D(·)]
	044	BON	ON 位判断；[S(·)]中第 n 位为 ON 时，[D(·)]为 ON（n＝0～15）
	045	MEAN	平均值；[S(·)]中 n 点平均值→[D(·)]（n＝1～64）
	046	ANS	标志置位；若执行条件为 ON，[S(·)]中定时器定时 m ms 后，标志位[D(·)]置位。[D(·)]为 S900～S999
	047	ANR	标志复位；被置位的定时器复位
	048	SOR	二进制平方根；[S(·)]平方根值→[D(·)]
	049	FLT	二进制整数与二进制浮点数转换；[S(·)]内二进制整数→[D(·)]二进制浮点数
高速处理	050	REF	输入输出刷新；指令执行，[D(·)]立即刷新。[D(·)]为 X000、X010、…、Y000、Y010、…，n 为 8，16…256
	051	REFF	滤波调整；输入滤波时间调整为 n ms，刷新 X000～X017，n＝0～60
	052	MTR	矩阵输入（使用一次）；n 列 8 点数据以 D1(·)输出的选通信号分时将[S(·)]数据读入[D2(·)]
	053	HSCS	比较置位（高速计数）；[S1(·)]＝[S2(·)]时，D(·)置位，中断输出到 Y，S2(·)为 C235～C255
	054	HSCR	比较复位（高速计数）；[S1(·)]＝[S2(·)]时，[D(·)]复位，中断输出到 Y，[D(·)]为 C 时，自复位
	055	HSZ	区间比较（高速计数）；[S(·)]与[S1(·)]～[S2(·)]比较，结果驱动[D(·)]
	056	SPD	脉冲密度；在[S2(·)]时间内，将[S1(·)]输入的脉冲存入[D(·)]
	057	PLSY	脉冲输出（使用一次）；以[S1(·)]的频率从[D(·)]送出[S2(·)]个脉冲；[S1(·)]：1～1000 Hz
	058	PWM	脉宽调制（使用一次）；输出周期[S2(·)]、脉冲宽度[S1(·)]的脉冲至[D(·)]。周期为 1～32 767 ms，脉宽为 1～32 767 ms
	059	PLSR	可调速脉冲输出（使用一次）；[S1(·)]最高频率：10～20 000 Hz；[S2(·)]总输出脉冲数；[S3(·)]增减速时间：5 000 ms 以下；[D(·)]：输出脉冲

分类	指令编号 FNC	指令助记符	指令名称及功能简介
便利指令	060	IST	状态初始化（使用一次）；[S(·)]为运行模式的初始输入；[D1(·)]为自动模式中的实用状态的最小号码；[D2(·)]为自动模式中的实用状态的最大号码
	061	SER	查找数据；检索以[S1(·)]为起始的 n 个与[S2(·)]相同的数据，并将其个数存于[D(·)]
	062	ABSD	绝对值式凸轮控制（使用一次）；对应[S2(·)]的计数器的当前值，输出[D(·)]开始的 n 点由[S1(·)]内数据决定的输出波形
	063	INCD	增量式凸轮顺控（使用一次）；对应[S2(·)]的计数器当前值，输出[D(·)]开始的 n 点由[S1(·)]内数据决定的输出波形。[S2(·)]的第二个计数器统计复位次数
	064	TIMR	示数定时器；用[D(·)]开始的第二个数据寄存器测定执行条件 ON 的时间，乘以 n 指定的倍率存入[D(·)]，n 为 0～2
	065	STMR	特殊定时器；m 指定的值作为[S(·)]指定定时器的设定值，使[D(·)]指定的 4 个器件构成延时断开定时器、输入 ON → OFF 后的脉冲定时器、输入 OFF → ON 后的脉冲定时器、滞后输入信号向相反方向变化的脉冲定时器
	066	ALT	交替输出；每次执行条件由 OFF → ON 的变化时，[D(·)]由 OFF → ON、ON → OFF……交替输出
	067	RAMP	斜坡信号；[D(·)]的内容从[S1(·)]的值到[S2(·)]的值慢慢变化，其变化时间为 n 个扫描周期。n：1～32 767
	068	ROTC	旋转工作台控制（使用一次）；[S(·)]指定开始的 D 为工作台位置检测计数寄存器，其次指定的 D 为取出位置号寄存器，再次指定的 D 为要取工件号寄存器，m_1 为分度区数，m_2 为低速运行行程。完成上述设定，指令就自动在[D(·)]指定输出控制信号
	069	SORT	表数据排序（使用一次）；[S(·)]为排序表的首地址，m_1 为行号，m_2 为列号。指令将以 n 指定的列号，将数据从小开始进行整理排列，结果存入以[D(·)]指定的为首地址的目标元件中，形成新的排序表；m_1：1～32，m_2：1～6，n：1～m_2
外部机器 I/O	070	TKY	十键输入（使用一次）；外部十键键号依次为 0～9，连接于[S(·)]，每按一次键，其键号依次存入[D1(·)]，[D2(·)]指定的位元件依次为 ON
	071	HKY	十六键输入（使用一次）；以[D1(·)]为选通信号，顺序将[S(·)]所按键号存入[D2(·)]，每次按键以 BIN 码存入，超过上限 9 999，溢出；按 A～F 键，[D3(·)]指定位元件依次为 ON
	072	DSW	数字开关（使用二次）；四位一组（n＝1）或四位二组（n＝2）BCD 数字开关由[S(·)]输入，以[D1(·)]为选通信号，顺序将[S(·)]所键入数字送到[D2(·)]
	073	SEGD	七段码译码；将[S(·)]低四位指定的 0～F 的数据译成七段码显示的数据格式存入[D(·)]，[D(·)]高 8 位不变
	074	SEGL	带锁存七段码显示（使用二次），四位一组（n＝0～3）或四位二组（n＝4～7）七段码，由[D(·)]的第 2 四位为选通信号，顺序显示由[S(·)]经[D(·)]的第 1 四位或[D(·)]的第 3 四位输出的值
	075	ARWS	方向开关（使用一次）；[S(·)]指定位移位与各位数值增减用的箭头开关，[D1(·)]指定的元件中存放显示的二进制数，根据[D2(·)]指定的第 2 个四位输出的选通信号，依次从[D2(·)]指定的第 1 个四位输出显示。按位移开关，顺序选择所要显示位；按数值增减开关，[D1(·)]数值由 0～9 或 9～0 变化。n 为 0～3，选择选通位

分类	指令编号 FNC	指令助记符	指令名称及功能简介
外部机器 I/O	076	ASC	ASCII 码转换；[S(·)]存入微机输入 8 个字节以下的字母数字。指令执行后，将[S(·)]转换为 ASC 码后送到[D(·)]
	077	PR	ASCII 码打印（使用二次）；将[S(·)]的 ASCII 码→[D(·)]
	078	FROM	BFM 读出；将特殊单元缓冲存储器（BMF）的 n 点数据读到[D(·)]；$m_1 = 0 \sim 7$，特殊单元特殊模块号；$m_2 = 0 \sim 31$，缓冲存储器（BFM）号码；$n = 1 \sim 32$，传送点数
	079	TO	写入 BFM；将可编程控制器[S(·)]的 n 点数据写入特殊单元缓冲存储器（BFM），$m_1 = 0 \sim 7$，特殊单元模块号；$m_2 = 0 \sim 31$，缓冲存储器（BFM）；$n = 1 \sim 32$，传送点数
外部机器 SER	080	RS	串行通信传递；使用功能扩展板进行发送接收串行数据。发送[S(·)] m 点数据至[D(·)]n 点数据。m、n：$0 \sim 256$
	081	PRUN	八进制位传送；[S(·)]转换为八进制，送到[D(·)]
	082	ASCI	HEX → ASCII 变换；将[S(·)]内 HEX（十六进制）制数据的各位转换成 ASCII 码向[D(·)]的高低 8 位传送。传送的字符数由 n 指定，n：$1 \sim 256$
	083	HEX	ASCII → HEX 变换；将[S(·)]内高低 8 位的 ASCII（十六进制）数据的各位转换成 ASCII 码向[D(·)]的高低 8 位传送。传送的字符数由 n 指定，n：$1 \sim 256$
	084	CCD	检验码；用于通信数据的校验。以[S(·)]指定的元件为起始的 n 点数据，将其高低 8 位数据的总和校验检查[D(·)]与[D(·)]+1 的元件
	085	VRRD	模拟量输入；将[S(·)]指定的模拟量设定模板的开关模拟值 $0 \sim 255$ 转换为 8 位 BIN 传送到[D(·)]
	086	VRRD	模拟量开关设定；[S(·)]指定的开关刻度 $0 \sim 10$ 转换为 8 位 BIN 传送到[D(·)]。[S(·)]：开关号码 $0 \sim 7$
	087	PID	PID 回路运算；在[S1(·)]设定目标值；在[S2(·)]设定测定当前值；在[S3(·)]~[S3(·)]+6 设定控制参数值；执行程序时，运算结果被存入[D(·)]。[S3(·)]：D0~D975
浮点运算	111	EZCP	
	110	ECMP	二进制浮点比较；[S1(·)]与[S2(·)]比较→[D(·)]
	118	EBCD	二进制浮点比较；[S1(·)]与[S2(·)]比较→[D(·)]。[D(·)]占 3 点，[S1(·)]<[S2(·)]
	119	EBIN	二进制浮点转换十进制浮点；[S(·)]转换为十进制浮点→[D(·)]
	120	EADD	十进制浮点转换二进制浮点；[S(·)]转换为二进制浮点→[D(·)]
	121	ESUB	二进制浮点加法；[S1(·)]+[S2(·)]→[D(·)]
	122	EMUL	二进制浮点减法；[S1(·)]-[S2(·)]→[D(·)]
	123	EDIV	二进制浮点乘法；[S1(·)]×[S2(·)]→[D(·)]

续表

分类	指令编号 FNC	指令助记符	指令名称及功能简介
浮点运算	127	ESOR	二进制浮点除法；[S1(·)]÷[S2(·)]→[D(·)]
	129	INT	开方；[S(·)]开方→[D(·)]
	130	SIN	二进制浮点→BIN 整数转换；[S(·)]转换 BIN 整数→[D(·)]
	131	COS	浮点 SIN 运算；[S(·)]角度的正弦→[D(·)]。0°≤角度<360°
	132	TAN	浮点 COS 运算；[S(·)]角度的余弦→[D(·)]。0°≤角度<360°
	147	SWAP	浮点 TAN 运算；[S(·)]角度的正切→[D(·)]。0°≤角度<360°
数据处理 2	160	TCMP	S2(·)
时钟运算	161	TZCP	时钟数据比较；指定时刻[S(·)]与时钟数据[S1(·)]时[S2(·)]分[S3(·)]秒比较，比较结果在[D(·)]显示。[D(·)]占有 3 点
	162	TADD	时钟数据区域比较；指定时刻[S(·)]与时钟数据区域[S1(·)]~[S2(·)]比较，比较结果在[D(·)]显示。[D(·)]占有 3 点。[S1(·)]≤[S2(·)]
	163	TSUB	时钟数据加法；以[S2(·)]起始的 3 点时刻数据加上存入[S1(·)]起始的 3 点时刻数据，其结果存入以[D(·)]起始的 3 点中
	166	TRD	时钟数据减法；以[S1(·)]起始的 3 点时刻数据减去存入以[S2(·)]起始的 3 点时刻数据，其结果存入以[D(·)]起始的 3 点中
	167	TWR	时钟数据写入；将[S(·)]占有的 7 点数据写入内藏的实时计算器
	170	GRY	D(·)
格雷码转换	171	GBIN	格雷码转换；将[S(·)]格雷码转换为二进制值，存入[D(·)]
	224	LD =	格雷码逆变换；将[S(·)]格雷码转换为二进制值，存入[D(·)]
接点比较	225	LD >	触点形比较指令；连接母线形接点，当[S1(·)]=[S2(·)]时接通
	226	LD <	触点形比较指令；连接母线形接点，当[S1(·)]>[S2(·)]时接通
	228	LD < >	触点形比较指令；连接母线形接点，当[S1(·)]<[S2(·)]时接通
	229	LD≤	触点形比较指令；连接母线接点，当[S1(·)]< >[S2(·)]时接通
	230	LD≥	触点形比较指令；连接母线接点，当[S1(·)]≤[S2(·)]时接通
	232	AND =	触点形比较指令；连接母线形接点，当[S1(·)]≥[S2(·)]时接通
	233	AND >	触点形比较指令；串联形接点，当[S1(·)]=[S2(·)]时接通
	234	AND <	触点形比较指令；串联形接点，当[S1(·)]>[S2(·)]时接通
	236	AND < >	触点形比较指令；串联形接点，当[S1(·)]<[S2(·)]时接通
	237	AND≤	触点形比较指令；串联形接点，当[S1(·)]< >[S2(·)]时接通
	238	AND≥	触点形比较指令；串联形接点，当[S1(·)]≤[S2(·)]时接通

分类	指令编号 FNC	指令助记符	指令名称及功能简介
接点比较	240	OR =	触点形比较指令；串联形接点，当[S1(·)]≥[S2(·)]时接通
	241	OR >	触点形比较指令；并联形接点，当[S1(·)]=[S2(·)]时接通
	242	OR <	触点形比较指令；并联形接点，当[S1(·)]>[S2(·)]时接通
	244	OR < >	触点形比较指令；并联形接点，当[S1(·)]<[S2(·)]时接通
	245	OR ≤	触点形比较指令；并联形接点，当[S1(·)]< >[S2(·)]时接通
	246	OR ≥	触点形比较指令；并联形接点，当[S1(·)]≤[S2(·)]时接通

注：附表 C–3 中，Sn(·)表示第 n 个源操作数，Dn(·)表示第 n 个目的操作数；B、B′、W1、W2、W3、W4、W1′、W2′、W3′、W4′、W1″、W4″，其表示的范围如下图所示。

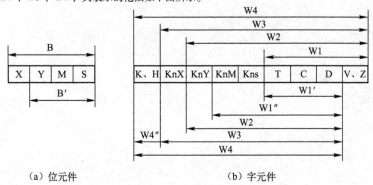

（a）位元件　　　　　　　　（b）字元件

附录图　操作数可用元件类型的范围符号

参 考 文 献

[1] 郁汉琪. 电气控制与可编程序控制器应用技术 [M]. 南京：东南大学出版社，2003.

[2] 阮友德. 电气控制与 PLC [M]. 北京：人民邮电出版社，2009.

[3] 郑燕，吴佑林. PLC 项目教程 [M]. 北京：人民邮电出版社，2010.